露地瓜类蔬菜
标准化栽培技术

王运强　高先爱●主编

U0266886

长江出版传媒　湖北科学技术出版社

序 言

Preface

　　为提高科研院校农业科技成果转化率，提升农村农技推广服务能力，因应我国农业发展新常态，实现农业发展方式转变和供给侧结构调整，农业部办公厅、财政部办公厅先后联合印发《推动科研院校开展农技推广服务试点实施指导意见》和农财【2015】48号文《关于做好推动科研院校开展重大农技推广服务试点工作》的通知，选择10个省（直辖市）为试点省份，依托科研院校开展重大农技推广服务试点工作，支持发展"科研试验基地+区域示范基地+基础推广服务体系+农户"的链条式农技推广服务新模式，形成以主导产业为核心，技术创新为引领，通过技术示范、技术培训、信息传播等途径开展新型推广服务体系建设，使科学技术在农业产业落地生根、开花结果。

　　湖北是我国重要的农业大省，是全国粮油、水产和蔬菜生产大省，也是本次试点省之一，根据全省产业特点，我省选择水稻和园艺作物（蔬菜、柑橘）两个主导产业开始试点工作。湖北园艺产业（蔬菜、柑橘）区位优势和区域特色明显，已被列入全国蔬菜、柑橘生产优势产区，是湖北农民增收的重要产业。湖北省是蔬菜的适宜产区，十三大类560多个种类的蔬菜能四季生长，周年供应。2014年湖北省蔬菜（含菜、瓜、菌、芋）播种面积1890万亩左右，总产量4000万吨左右，蔬菜总产值1070亿元，对湖北省农民人均纯收入的贡献超过850元；湖北省柑橘栽培面积368万亩，产量437万吨，产值近百亿元。

　　湖北省园艺产业重大农技推广服务试点项目围绕湖北省有区域特色的高山蔬菜、水生蔬菜、露地越冬蔬菜、食用菌、柑橘等，集成应用名优蔬菜新品种50个、成熟实用的产业技术50项，组建8个园艺作物（蔬菜、柑橘）安全生产技术服务体系。《湖北省园艺产业农技推广实用技术》系列丛书正是以示范推广的100余项新品种、新技术、新模式为基础编写而成的，全书图文并茂，言简意赅，技术内容针对性、实用性较强，值得广大农民朋友、生产干部、农技推广服务工作者借鉴与参考，也是湖北省依托科技实现园艺产业精准扶贫的好读本。

湖北省农业科学院党委书记

湖北省农业厅党组成员

2015年9月

《湖北省园艺产业农技推广实用技术丛书》编委会

丛 书 顾 问：戴贵州　刘晓洪　焦春海　张桂华　邓干生　邵华斌　夏贤格

丛 书 主 编：邱正明　李青松　胡定金

丛 书 编 委：欧阳书文　李青松　胡定金　杨朝新　徐跃进　杨自文　潘思轶

程　薇　沈祥成　袁尚勇　胡正梅　熊桂云　邱正明　柯卫东　边银丙

汪李平　蒋迎春　周国林　姚明华　姜正军　戴照义　郭凤领　吴金平

朱凤娟　王运强　聂启军　邓晓辉　赵书军　闵　勇　刘志雄　陈磊夫

李　峰　吴黎明　高　虹　何建军　袁伟玲　龙　同　刘冬碧　王　飞

李　宁　尹延旭　矫振彪　焦忠久　罗治情　甘彩霞　崔　磊　杨立军

高先爱　王孝琴　周雄祥　张　峰

《露地瓜类蔬菜标准化栽培关键技术》编写名单

本 册 主 编：王运强　高先爱

本 册 副 主 编：郭凤领　刘志雄　李俊丽　戴照义

本册参编人员：王　飞　王运强　尹延旭　甘彩霞　朱凤娟　刘志雄　李　宁　李金泉

（按姓氏笔画排序）　李俊丽　吴金平　邱正明　陈磊夫　姚明华　袁伟玲　聂启军　高先爱

郭凤领　崔　磊　矫振彪　戴照义

/目 录
Contents

一、西瓜

（一）西瓜概况

1.品种

西瓜是人们喜爱的瓜果之一。果用西瓜品种很多，分类的依据很多，一般按熟性可分为早熟、中熟、晚熟；按是否有可育种子可分为有籽西瓜和无籽西瓜；按果型大小可分为大果、中果、小果；按瓤色可分为红瓤西瓜和黄瓤西瓜等。

有籽西瓜

无籽西瓜

黄瓤西瓜

大西瓜

小西瓜

2.植物学特征

（1）根。西瓜的根系强大，耐旱力强，主根深入土层可达1米，自主根基部1～2厘米处发生几条主要的侧根，大部分水平展开，长4～5米，最长的可达6米。每一侧根能一再分枝，发生大量的细根，主要根系集中在10～30厘米的耕作土壤中。

（2）茎。粗壮，有明显的棱沟，有长而密的白色或淡黄褐色长柔毛。

西瓜雄花

西瓜雌花

西瓜茎

（3）叶。叶片轮廓三角形、卵形，顶端急尖或渐尖，长8～20厘米，宽5～15厘米，两面有短硬毛，脉上和背面较多，裂片有羽状或二重羽状浅裂或深裂，边缘波纹状或有疏齿，末次裂片通常有少数浅锯齿纹，顶端钝圆，叶片基部心形，有时形成半圆形的弯缺，弯缺宽1～2厘米，深0.5～0.8厘米，颜色有绿色、浅绿色、深绿色及黄色等。

（4）花。雄花：花梗长3～4厘米，密被黄褐色长柔毛；花萼筒宽钟形，密被长

柔毛，花萼裂片狭披针形，与花萼筒近等长，长2～3毫米；花冠淡黄色，横径2.5～3厘米，外面带绿色，被长毛，裂片卵状长圆形，长1～1.5厘米，宽0.5～0.8厘米，顶端钝或稍尖，脉黄褐色，被毛。

雌花：花萼和花冠与雄花同；子房卵形，长0.5～0.8厘米，宽约0.4厘米，密被长毛，花柱长4～5毫米，柱头3个，肾形。

（5）果实。西瓜果实的形态、大小、色泽、纹理等因品种而异，其大小因品种而有很大的差异。食用部分为胎座，颜色有红色、黄色、白色之别，而以红色品种为多。

西瓜板叶

西瓜缺裂叶

西瓜黑色种子

西瓜黄色种子

（6）种子。种子椭圆而扁平，颜色、大小因品种而异，大者千粒重120～150克，小者千粒重50～60克，每个果实有种子300～500粒。

3. 环境条件

（1）温度。西瓜喜温暖、干燥的气候、不耐寒，生长发育的最适温度为24～30℃，根系生长发育的最适温度为30～32℃，根毛发生的最低温度14℃。西瓜在生长发育过程中需要较大的昼夜温差，较大的昼夜温差能培育出高品质的西瓜。

（2）水分。西瓜发育强大的根系，缺刻深而多茸毛的叶片，是耐旱力强的特征。西瓜不耐湿，阴雨天多时，湿度过大，易感病，产量低，品质差。

（3）光照。西瓜喜光照，在日照充足的条件下进行生长和结果。因此在温暖的夏季，晴天越多，日照时间长，阳光强，蔓叶生长强健，结果大且品质好。

（4）养分。西瓜生长期长，产量高，因此需要大量养分。每生产100千克西瓜约需吸收氮0.19千克、磷0.092千克、钾0.136千克，但不同生长期对养分的吸收量有明显的差异，在发芽期约占0.01%，幼苗期约占0.54%，抽蔓期约占14.6%，结果期是西瓜吸收养分最旺盛的时期，约占总养分量的84.8%，因此，随着植株的生长，西瓜需肥量逐渐增加，到果实旺盛生长时，达到最大值。

（5）土壤。西瓜适应性强，以土质疏松，土层深厚，排水良好的砂壤土最佳。喜弱酸性，pH值5～7为佳。

（二）露地西瓜标准化栽培关键技术

1. 品种选择

露地栽培西瓜受天气影响较大，在整个生长过程中高温、暴雨时有发生，有时还会出现连续的风雨天气，不利因素较多。因此，最好选用优质、高产、耐高温、高湿、果皮坚韧，耐贮藏运输和抗病性强的中熟偏早或中熟品种，如春秋花王、国宝、华欣、安生7号、荆杂18等中早熟有籽西瓜和鄂西瓜12号、国蜜2号、洞庭1号、黑冰、黑蜜2号、郑抗无籽5号、红太阳等无籽西瓜品种。

鄂西瓜12号　　　　　　　春秋花王　　　　　　　红太阳

穴盘育苗　　　　　　　　　　　压制营养土钵育苗

压制营养土钵设备　　　塑料营养钵育苗　　　营养袋育苗

2. 播种育苗

（1）播种期。长江中下游地区播种期宜为3月中旬至4月上旬，其他区域可根据当地气候特点适当提早或延迟。

（2）育苗方式。宜在大棚或小拱棚等设施内采用塑料营养钵、穴盘、营养块、营养袋、压制营养土钵育苗，也可直接从育苗工厂购苗。根据种植地块是新地还是重茬地，可选自根苗或嫁接苗。

（3）配土制钵。应选用有机质丰富、结构疏松、透气性好、保水保肥能力强、无

病虫、无污染物、3年内没有种过瓜类作物的土壤配制营养土，或用草炭土、珍珠岩配制育苗基质。营养土的配制比例为干细土90%、腐熟有机肥10%；育苗基质的配制比例为草炭土80%、珍珠岩20%。配制时每立方米营养土加入约0.5千克含硫三元复合肥（N：P_2O_5：K_2O=15：15：15，下同），并加入0.1千克25%的多菌灵可湿性粉剂用于消毒，肥料和杀菌剂宜化水喷洒到营养土或育苗基质中并混合均匀。将营养土装入口径和高均约8厘米的塑料营养钵，或直接压制土

工厂化育苗

嫁接苗

钵，或将育苗基质装入50孔育苗穴盘，或自制成土块。

（4）种子处理。播种前，晒种1～2天，用约55℃温水浸种并搅拌约15分钟，待水温自然降至室温后浸种约3小时，捞起后洗净种子表面黏液，甩干表面水分后在28～30℃条件下催芽24～36小时，无籽西瓜种子催芽前应进行破壳，即用指甲剪将种子脐部剪开约1/4。芽长1～3毫米时播种。

基质装盘

（5）播种。播种前1天将营养钵或穴盘浇透水。播种时，营养钵每钵或穴盘每穴播1粒发芽的种子，种子要平放或芽尖向下。播种后覆盖0.5～1厘米厚疏松湿润的营养土或育苗基质，然后覆盖地膜保温保湿。无籽西瓜应播10%的有籽西瓜用于人工辅助授粉。

（6）苗床管理。出苗前温度宜为28～30℃。当有40%～50%的种子出苗时及时揭去地膜。出苗后昼温宜为25℃左右，夜温宜为20℃左右。定植前7～10天炼苗，夜温降至15～18℃。苗期适当控制水分，苗床表面发白时可适量浇水，浇水宜在上午进行。

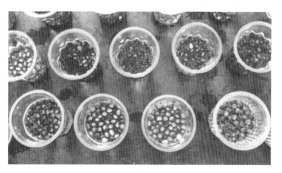

浸种

3. 整地施肥

（1）整地开厢。冬闲田在春节前翻耕炕土，定植前30天一耕两耙后整厢。种植厢

包种

播种

条施

撒施

宽度3~3.5米（均含沟宽0.5米）。

（2）施基肥。冬闲田在定植前10天施入西瓜基肥，每亩（1亩≈667平方米）施优质腐熟有机肥2000~3000千克，含硫三元复合肥约50千克。将厢面整细、耙平，每亩用48%氟乐灵50毫升兑水15~20千克喷施西瓜行施肥带，采用滴灌栽培的铺好滴灌带。在西瓜行施肥带上覆盖宽约1.2米的地膜。

4. 定植

（1）定植时期。在4月上中旬，苗龄2

打孔

撒施

铺地膜

叶1心至3叶1心时，选晴好天气定植。

（2）方法。按株距0.40～0.50米，亩植450～550株。

5. 大田管理

（1）肥水管理。生长前期一般不需浇水，伸蔓期后根据土壤墒情灌溉。采收前5天应停止浇水。西瓜伸蔓肥根据瓜苗长势，每亩可追施5～10千克含硫三元复合肥；膨瓜肥在第一批瓜长到鸡蛋大小时，每亩施10～15千克含硫三元复合肥；追肥宜采取滴灌或冲施方式。

（2）整枝理蔓。蔓长约50厘米时开始整枝。留1条主蔓和2条健壮侧蔓，其余分枝全部抹除。整枝以后应经常理蔓，使瓜蔓均匀地摆放在畦面，有条件的地方可垫稻草。

（3）人工辅助授粉。无籽西瓜应使用有籽西瓜进行人工辅助授粉。无籽西瓜第一雌花摘除，从第二雌花开始授粉。授粉宜在开花期每天上午7～10时进行，摘下当天开放的有籽西瓜雄花，将花瓣反转，用花药在无籽西瓜雌花柱头上均匀涂抹，一般一朵雄花可授两三朵雌花。

（4）选瓜留瓜。宜于果实直径4～5厘米时，选留瓜型周正的瓜作商品瓜。早熟有籽西瓜品种每株留一两个瓜，留瓜节位在第13～15节；中晚熟有籽西瓜和无籽西瓜品种每株留一个瓜，留瓜节位在第18～20节。

6. 病虫害防治

（1）主要病虫害。主要病害有炭疽病、疫病、蔓枯病、枯萎病、细菌性角斑病、病毒病、根结线虫病等。

主要虫害有蚜虫、瓜绢螟、黄守瓜、美洲斑潜蝇等。

肥水一体

整枝理蔓

压蔓

（2）防治原则。按照"预防为主，综合防治"的植保方针，坚持以"农业防治、物理防治、生物防治为主，化学防治为辅"的无害化治理原则，不同类型农药应交替使用，遵守农药使用安全期规定，不得使用禁用和限用农药。

（3）农业防治。选用抗病抗虫品种，

垫稻草

人工授粉

黄板

性引诱器

培育适龄壮苗，实施轮作制度，采用深沟高畦，采用地膜覆盖栽培，及时清洁田园。

（4）物理防治。播种前宜选用温水浸种，银灰色地膜驱避蚜虫，黄板和杀虫灯诱杀。

（5）生物防治。保护或释放天敌，如蚜虫可用瓢虫、蚜茧蜂、草蛉、食蚜蝇等天敌防治，棉铃虫、烟青虫等可用赤眼蜂等天敌防治。提倡使用植物源农药如苦参碱、印楝素等防治病虫害。

（6）化学防治。

炭疽病：80%代森锰锌可湿性粉剂或10%苯醚甲环唑水分散颗粒剂（世高）3000～6000倍液，或75%百菌清可湿性粉剂500～700倍液等喷雾。

疫病：58%雷多米尔可湿性粉剂500～800倍液，或72%杜邦克露800～1000倍液，或58%瑞毒锰锌可湿性粉剂500～800倍液等喷雾。

蔓枯病：10%苯醚甲环唑水分散颗粒剂（世高）3000～6000倍液，或50%甲基托布津可湿性粉剂600倍液，或50%扑海因可湿性粉剂1000～1500倍液等喷雾。

枯萎病：20%强效抗枯灵可湿性粉剂600倍液，或96%噁霉灵可湿性粉剂3000倍液灌根两三次，每株用量约200毫升。

西瓜炭疽病

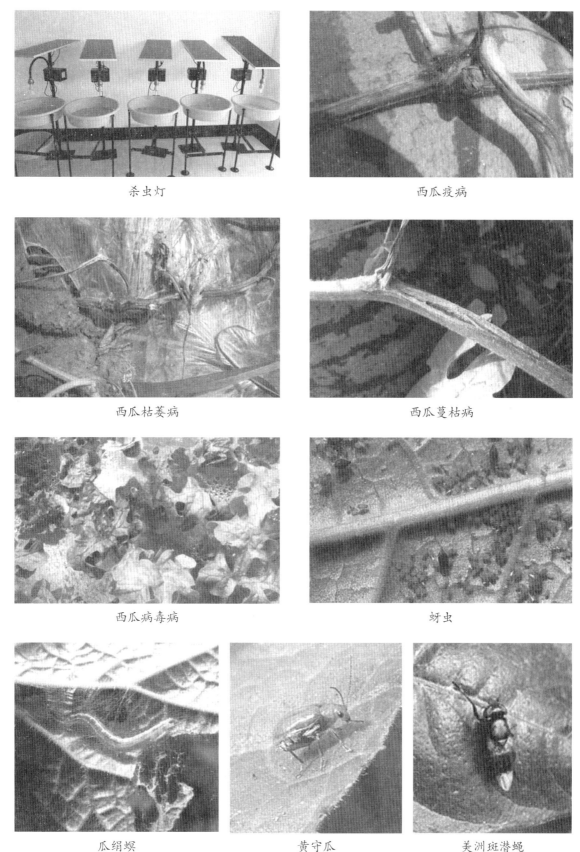

杀虫灯

西瓜疫病

西瓜枯萎病

西瓜蔓枯病

西瓜病毒病

蚜虫

瓜绢螟

黄守瓜

美洲斑潜蝇

简易包装

礼品装

细菌性角斑病：77%可杀得可湿性粉剂400～600倍液，或50%琥胶肥酸铜可湿性粉剂500倍液，或70%甲霜铝铜可湿性粉剂250倍液等喷雾。

病毒病：发病初期用5%菌毒清可湿性粉剂250倍液，或20%病毒A可湿性粉剂500倍液等喷雾，喷两三次。

根结线虫病：每亩用10%噻唑膦颗粒剂1.5～2千克拌细干土40～50千克均匀撒于定植穴内，或用1.8%阿维菌素乳油1000～1500倍液灌根，每株用量约250毫升。

蚜虫：10%吡虫啉可湿性粉剂1500倍液，或20%好年冬乳油2000倍液，或27%皂素烟碱乳油300～400倍液等喷雾。

瓜绢螟：5%抑太保乳油1500～2000倍液，或5%卡死克乳油1500～2000倍液，或1.8%阿维菌素乳油1500～2000倍液等喷雾。

黄守瓜：8%丁硫啶虫脒乳油1000倍液，或5%鱼藤精乳油500倍液等喷雾。

美洲斑潜蝇：5%卡死克乳油2000倍液，或5%抑太保乳油2000倍液，或1.8%爱福丁乳油3000～4000倍液等喷雾。

7. 采收

（1）采收时期。标记日期后时间达到该品种果实发育天数，或果实表面茸毛消失，外观呈现该品种成熟时固有特征即为成熟。在当地上市销售的西瓜宜在果实九成熟时采收，外运销售的西瓜宜在果实八九成熟时采收。

（2）采收方法及包装。宜在上午进行。采收时留3～5厘米长的瓜柄。

（三）间套种模式

1. 麦瓜棉套种

小麦、西瓜、棉花间作套种模式，在原来小麦+棉花的种植模式上加上了套种西瓜，变一年二熟为三熟制，亩产值可由原来的1600元增加到2920元，亩增产值约

1220元。但棉花移栽期推迟，对棉花产量和品质有一定影响。本模式适宜鄂北、江汉平原棉区推广。

（1）周年茬口安排。小麦：10月中下旬播种，翌年5月底收获；西瓜：3月上旬

营养钵保温育苗，4月上旬移栽，6月中旬收获，7月初拔藤；棉花：3月下旬营养钵育苗，4月底至5月初移栽，8月下旬开始收花，10月底拔杆。

（2）田间布局。一是冬季田间布局。在小麦行中预留约1.5米宽西瓜行，一般亩产约300千克，产值约420元。二是春夏田间布局。厢宽约1.5米，两边各栽一行棉花，宽行距约0.85米，窄行距约0.67米，株距约0.33米，亩植约2500株；其中在厢一边、棉行之间栽一行西瓜，株距约1米，亩植400～450株。麦收后蔓藤朝麦行伸长、压蔓。一般皮棉亩产约80千克，产值约1200元；亩产西瓜约3000千克，产值约1200元。全年亩收入约2820元。

（3）西瓜栽培技术要点。

选用良种：选用庆红宝系列特大庆红宝、庆发12号、鄂西瓜12号等。

育苗：西瓜育苗一般3月上旬在塑料大（中、小）棚内进行。先用约55℃温水浸种10～15分钟，再浸泡约3小时后，放在25～28℃条件下催芽，无籽西瓜需要破壳处理。按1钵1粒种子播于营养钵内，平放覆土，播种后于床面上覆盖一层地膜以保温保湿。出土前白天保持在25～30℃，夜间不低于15～18℃，一般4～5天可齐苗。齐苗后及时通风降温降湿，以防徒长，定植前要进行蹲苗、炼苗。

整地作畦：西瓜应选择3年以上未种过西瓜的田块。在整地深翻时施入底肥，一般每亩施农家肥约3立方米，过磷酸钙约25千克，开沟施入。西瓜要求栽植在高畦，畦面呈弧形，覆盖约0.8米宽的地膜，待定植。

定植。西瓜一般3叶1心时定植，窄行距约1米，宽行距2～2.5米，株距0.8～1米，亩植400～450株。

田间管理：

肥水管理：施足底肥后，一般坐果前不追肥，坐果后果实生长加快，需肥量大，施以速效性肥料，5～7天追肥一次。要注意排水防渍。当瓜进入膨大生长期，不能缺水断肥。

麦瓜棉套作

压蔓和整枝：西瓜抽蔓后一般从约0.5米长时开始压蔓，以后每隔约0.5米压一次，共压四五次。压蔓方法有明压和暗压。明压即用土块将蔓压住，暗压即在地上凿一浅槽，将蔓埋入。整枝方法：单蔓式，即每株只留主蔓，除去所有侧蔓；双蔓式，即在主蔓第3～4节处选留2条子蔓。

人工辅助授粉：西瓜主要靠昆虫授粉，人工辅助授粉一般在上午7～9时进行。

留瓜：选留标准为子房大而正，瓜柄直而粗，一般选留主蔓上的第二雌花，原则上是一株留一瓜。

采收：西瓜采收必须掌握其成熟度，采收过早，味淡色差；采收过迟，成熟过度，风味降低且易倒瓢。

（4）小麦栽培技术要点。

选用良种：选用鄂麦14或郑麦9023。

适期播种：10月中下旬。

合理密植：每亩播种量约10千克，基本苗16万株以上。

科学施肥：要求每亩施农家肥约2.5立方米，碳酸氢铵约50千克、过磷酸钙约50千克作底肥，分次追肥，每亩追施尿素不少于20千克。

田间管理：清沟排渍，消除水害，注意防治条锈病等病虫害。

（5）棉花栽培技术要点。

选用良种：主要选用中棉29、鄂杂棉3号、鄂抗棉1号等。

合理密植：中等肥力田块亩植2500～3000株。

平衡施肥：一是施足底肥，底肥要多施有机肥，用量一般约占总施肥量的60%，每亩施农家肥约3.5立方米或饼肥约75千克，过磷酸钙约50千克、氯化钾5～10千克、尿素5～8千克、硼肥0.5～1千克、锌肥约0.5千克，混合均匀后开沟深施；二是巧施追肥，根据苗情长势，轻施苗肥，稳施蕾肥，苗肥每亩施尿素5～10千克，蕾肥结合壅根高培土开沟亩施农家肥约1500千克；三是重施花铃肥，每亩施氯化钾10～15千克和尿素15～20千克。

精细管理：一是精细整枝；二是中耕培土防倒伏，现蕾后15～20天，深中耕，高培土；三是开好"三沟"，要求围沟、腰沟和厢沟"三沟"畅通；四是去早蕾，打去棉株下部1～3根果枝上的第一、第二节位早蕾，以改善棉铃的时空分布，减少"下烂上衰"的难题，控制伏前桃，增加伏桃和早秋桃所占比例，提高优质铃比例。

合理化调：一是苗期微调；在长出6～9片真叶时，每亩用缩节胺0.3～0.5克兑水约25千克喷于茎顶，可以调上促下，多发侧根，培育壮苗；二是蕾期中调：在蕾期，每亩施缩节胺0.5～1.0克兑水约25千克喷于茎顶，协调营养生长与生殖生长；三是初花中调：在初花期，每亩施缩节胺1.5～2.0克兑水约40千克喷于茎顶，延迟封行，确保棉铃稳长多结；四是盛花期重调：在打顶后一周，每亩用缩节胺3.0～4.0克兑水约50千克喷于茎顶。使用缩节胺时，掌握"喷高不喷低，喷壮不喷弱，喷涝不喷旱，喷肥不喷瘦"与"少量、多次"的原则。

病虫综防：对棉铃虫要及时灭卵，要抢在棉铃虫三龄前用药防治，棉铃虫的前期防治以生物农药为主，后期各种化学农药交替使用，避免产生抗药性。

2. 油瓜套种

油瓜套作

3. 菜瓜套种

菜瓜套作

4. 果瓜套种

果瓜套作

露地瓜类蔬菜标准化栽培关键技术
ludigualei shucai biaozhunhua
zaipei guanjian jishu

二、甜瓜

（一）甜瓜概况

1.品种

甜瓜又名香瓜，是葫芦科甜瓜属一年生蔓性草本植物，为夏季的优良果品之一。甜瓜品种众多，通常把甜瓜分为厚皮甜瓜和薄皮甜瓜；依熟性可分为早熟、中熟、晚熟；依果皮是否光滑可分为光皮甜瓜和网纹甜瓜，依瓜肉颜色可分为白肉甜瓜、绿肉甜瓜、橙肉甜瓜等。

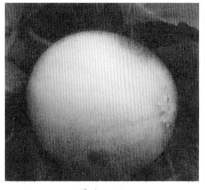

厚皮甜瓜

薄皮甜瓜

厚薄皮杂交甜瓜

光皮甜瓜

网纹甜瓜

绿肉甜瓜　　　　　　　白肉甜瓜　　　　　　　橙肉甜瓜

2. 植物学特征

（1）根。甜瓜属直根系植物，根系发达，生长旺盛，入土深广。在葫芦科植物中，甜瓜的根系发达程度仅次于南瓜、西瓜，而强于其他瓜类。甜瓜主根由胚根延伸而来，垂直向下生长，入土深度可达1.5米以上，能深入土壤深层，甜瓜的侧根也很发达，横向扩展大于纵向深入，横展半径可达2～3米，但侧根主要分布在地表约30厘米的土层中。厚皮甜瓜的根系较薄皮甜瓜的根系强健，分布范围更深更广，耐旱耐贫瘠能力也较强，薄皮甜瓜的根系较厚皮甜瓜的根系耐低温、耐湿性能更强。

（2）茎。甜瓜茎为一年生蔓生草本，中空，有条纹或棱角，有刺毛。茎粗0.4～1.4厘米，大多在1厘米左右，一般品种节间长5～13厘米，短蔓品种节间更短。卷须可搭架栽培以利用空间。厚皮甜瓜茎的粗度较薄皮甜瓜更粗，节间长度较薄皮甜瓜更长，刺毛更多，更硬。

（3）叶。甜瓜的叶着生在茎蔓的节上，每节1叶，互生。甜瓜叶为单叶，叶柄短，柄上有短刚毛。甜瓜叶片大多为近圆形或肾形，少数为心脏形、手掌形。叶片不分裂或有浅裂。叶片的正反面均长有茸毛，叶背面叶脉上长有短刚毛，这些茸毛和短刚毛，具有保护叶片，减少叶面蒸发的作用，

使甜瓜具有旱生特性。甜瓜的叶缘呈锯齿状、波纹状或全缘状，叶脉为掌状网脉。

（4）花。甜瓜是雌雄同株异花植物，雄花全是单性花，雌花大多为具雄蕊的两性花，少数为单性花。甜瓜花冠黄色，钟状5裂片。花瓣(即花冠裂片)卵状短圆形，急尖，长约2厘米。花萼5裂片，绿色，钻形。甜瓜雌花常单生在叶腋内，雄花常数朵(3～5朵)簇生，同一叶腋的雄花次第开放，不在同一日。甜瓜的雌花为两性花，即柱头外围着生3枚雄蕊，其位置低于柱头，尽管具有正常的花粉功能，但若无昆虫传播花粉，仍不能自花结实。

（5）果。甜瓜的果实为瓠果。果实由子房和花托共同发育而成。可食用部分为发达的中果皮、内果皮。甜瓜果实的大小、形状、果皮颜色差异很大。甜瓜果实形状有扁圆形、圆形、卵形、纺锤形、椭圆形、长棒状、圆筒形等。甜瓜果实的表面特征也十分多样，果皮有光滑与不光滑，有棱沟与无棱沟，有网纹与无网纹。果皮颜色有绿色、白色、黄绿色、黄色、橙红色等。果皮上还有各种花纹、条带等，丰富多彩。

（6）种子。甜瓜果实一果多胚，通常1个瓜中有300～500粒种子。种子形状为扁平窄，卵圆形，大多为黄白色。种皮较西瓜薄，表面光滑或稍有弯曲。甜瓜种子大小

差别较大，薄皮甜瓜种子小，千粒重5～20克；厚皮甜瓜种子大，千粒重30～80克。甜瓜种子的解剖构造，均由种皮、子叶、胚3部分组成，不含胚乳。

3. 环境条件

（1）温度。

甜瓜是喜温的作物，在甜瓜植株的整个生育期中最适温度为25～35℃。各个生育阶段对温度的要求有所不同。萌芽期最低15℃，最适温度为30～35℃；幼苗生长最适温度为20～25℃；果实发育最适温度为30～35℃。春季当温度下降到约13℃时生长停滞，约10℃完全停止生长，约7.4℃就会产生冷害，并出现叶肉失绿变色的现象。温度越高，甜瓜植株积累的干物质越多，产量越高，品质越好。在我国的甜瓜产区，7月的月均温：新疆25～27℃，华北22～25℃，东北20～23℃。因此，新疆比华北、东北更适宜于甜瓜的干物质积累。在新疆，温度最高的吐鲁番，7月的月均温达33℃，日最高气温高于35℃的天数约有100天，故吐鲁番的甜瓜品质闻名中外。

温度在一日内的变幅叫日较差。日较差大的地方，白天气温高，十分有利于植物的光合作用旺盛进行，制造的干物质就多。夜间温度低，呼吸作用等代谢活动缓慢，十分有利于糖分等贮藏物质的积累；同时，夜间低温也有利于叶片光合作用产物向茎、果、根等器官运转。所以，一般日较差大的地区，种植的甜瓜和其他瓜果，品质都较好，产量也较高。我国内蒙古、新疆等内陆干旱地区，由于大陆性气候，盆地地形及戈壁下垫面的影响，全年日较差大多在10℃以上，新疆的年日较差在13～16℃，最大日较差在

20℃以上，十分有利于甜瓜糖分的积累。我国著名特产哈密瓜、白兰瓜、河套蜜瓜均产在这一地区。

甜瓜植物在整个生育期中对活动积温的要求不同。不同熟性甜瓜对积温的要求可大致划出甜瓜不同熟性品种所需的有效积温范围：早熟品种，1500～1750℃；中熟品种，1800～2800℃；晚熟品种，2900℃以上。在我国甜瓜主要产区新疆，大于或等于15℃的年积温：吐鲁番为5100℃，南疆为3800～5200℃，北疆为2500～3000℃。可见，除晚熟品种甜瓜在北疆个别地区不能正常成熟外，其他均适合正常生长成熟。

（2）日照。

甜瓜是十分喜光的作物，在日照不足的情况下，甜瓜植株生长发育会受到抑制，植株瘦弱，只开花不结实。据研究，为满足甜瓜植株的正常生长发育，每天最好有10～12小时的日照。当每天有12小时的日照时，植株分化的雌花最多；当每天有14～15小时的日照时，侧蔓发生早，植株生长快；而当每天日照不足8小时时，生长发育将受到影响。在晴天多，日照充足的地区，甜瓜植株表现出生长健壮，茎粗叶片肥厚，节间短，叶色深，病害少，果实品质好，着色佳。相反在阴天多的寡照地区，甜瓜植株表现出茎蔓细长、瘦弱，叶片薄、色淡，易徒长，感染病害，果实品质差。

甜瓜植株生育期内对日照总时数的要求因品种的不同而异，通常早熟甜瓜品种需1100～1300小时的日照，中熟品种需1300～1500小时的日照，晚熟品种需1500小时以上的日照。

甜瓜对光强度的要求是：光补偿点4000勒克斯，光饱和点55000勒克斯。在

光照充足的地区，应注意保护甜瓜果实，避免长期曝晒后发生瓜面日灼。

我国原产的薄皮甜瓜对日照的要求不像厚皮甜瓜那样严格，在阴天多、日照不足的情况下，仍能维持生长发育和结实。

（3）水分。

甜瓜也是喜水的作物，而且比西瓜更需要水分。原因是甜瓜根系的发育比西瓜弱，因而根毛吸收到的水分也较少。另一方面甜瓜叶片无深裂，同样大小的叶片，甜瓜比西瓜的蒸腾面要大。所以，甜瓜要求更充足的水分供应。

甜瓜叶片蒸发大量的水分被看作是对炎热气候条件的一种生物学适应，因为蒸发水分可以降温，避免植株过热，所以，在极端干热的火洲——新疆吐鲁番，甜瓜植株能良好适应和正常生长结果。不仅如此，甜瓜果实糖分积累较多，也与它们蒸腾作用有非常显著的关系。

甜瓜的各个生长发育阶段对水分的需求量是不一样的。通常幼苗期需水量少，可以不补充或少补充灌水。伸蔓开花期和开花坐果期植株需水量大，应抓紧灌溉，果实发育期对水分的需求量逐步减少，直至成熟采收前停止灌水。

在栽培条件下，土壤过湿或水分过多，对甜瓜也很不利。在我国大多数地区种甜瓜，必须进行灌溉，以保证甜瓜生长发育对水分的需要。但应注意，人工灌溉常会降低果实的含糖量，从而使甜瓜品质下降。兰州的砂田和新疆的潮地瓜因不灌溉，生产的优质白兰瓜和哈密瓜含糖量都很高，也证明了这一点。在灌溉地区种甜瓜，为避免因灌水而降低含糖量，常在灌水时配合施入磷、钾肥，和在坐果后减少灌水量，成熟前及时停止灌水等办法来保持甜瓜的品质。

（4）土壤养分。

甜瓜植株喜欢生长在土层深厚、肥沃的壤土上。由于甜瓜子叶的顶土力强，因此，播种在黏壤土里的甜瓜也能出全苗，然而黏壤土里的甜瓜幼苗生长发育较慢，一旦进入伸蔓开花期后，黏壤土上的植株生长繁茂，结实力强，土壤的持续供肥力强，产量高，品质也好。如果把甜瓜播种在砂壤土上则相反，幼苗发棵快，早期生长较旺，开花期后容易脱肥，坐果后容易发生早衰现象。

甜瓜耐盐碱，在pH值7～8的情况下能正常生长发育。但如要生长良好，则土壤中的含盐总量不宜超过0.74%。不同的土壤盐碱成分对甜瓜植株的危害程度也不一样，一般氯盐危害最大，碳酸盐次之，硫酸盐危害最轻。在轻度含盐土壤上种甜瓜，会增加甜瓜果实的含糖量，有利于提高品质。

甜瓜植株对氮、磷、钾三要素的吸收比例约为30∶15∶55。甜瓜在需要氮、磷等重要元素的同时，还特别需要钾。配合氮、磷肥施用钾肥，可使甜瓜作物增产7%～18%，含糖量增加0.1%～1.7%，减少田间枯萎病发病率8.1%～17.3%。

为了满足甜瓜对营养元素的需要，我国各甜瓜产区普遍施农家肥和各种化肥。在生产上大多在播种前以基肥形式施入，以供应甜瓜全生育期持续不断的营养要求。其次是饼肥，含氮4.6%～5.79%，磷2.48%～2.81%，钾1.27%～1.77%，也是甜瓜田常用作基肥或追肥的完全肥料。化肥也可以在甜瓜地施用，但应注意不要单纯施用尿素、硝铵等氮素化肥，而应尽量施用三元复合肥和磷二铵等。使用化肥时还应注意避免在果实膨大期后施用速效氮，以免降低甜瓜含糖量。

（二）露地甜瓜标准化栽培关键技术

1. 品种选择

甜瓜宜选用早熟、丰产、优质、抗病性强的薄皮甜瓜或厚薄皮杂交类型甜瓜品种，如鄂甜瓜6号、中甜1号、丰甜1号、甜宝、新青玉等。

2. 播种育苗

（1）播种期。宜为2月下旬至3月中旬，其他区域可根据当地气候特点适当提早或延迟。应在冷尾暖头，晴朗无风的上午进行。

（2）育苗方式。宜在大棚或小拱棚等设施内采用营养钵、穴盘、营养块、营养袋、自制土块育苗，也可直接从育苗工厂购苗。根据种植地块是新地还是重茬地，可选自根苗或嫁接苗。

（3）配土制钵。应选用有机质丰富、结构疏松、透气性好、保水保肥能力强、无病虫、无污染物、3年内没有种过瓜类作物

鄂甜瓜6号

甜宝

网纹香

的土壤配制营养土，或用草炭土、珍珠岩配制育苗基质。营养土的配制比例为干细土90%、腐熟有机肥10%；育苗基质的配制比例为草炭土80%、珍珠岩20%。配制时每立方米营养土加入约0.5千克含硫三元复合肥（N∶P₂O₅∶K₂O=15∶15∶15，下同），并加入0.1千克25%的多菌灵可湿性粉剂用于消毒，肥料和杀菌剂宜化水喷洒到营养土或育苗基质中并混合均匀。将营养土装入口径和高均约8厘米的塑料营养钵，或将育苗基质装入50孔育苗穴盘。

（4）种子处理。选择晴天晒种1~2天，之后用约55℃温水浸种并搅拌约15分钟，待自然降温至室温后浸种4~6小时；也可用100倍福尔马林液浸种约30分钟，或25%多菌灵可湿性粉剂500倍液浸种约1小时，或10%的磷酸三钠浸种约20分钟，然后将种子充分冲洗干净，再用清水浸泡4~6小时。捞起后清洗甩干表面水分后在28~30℃条件下催芽20~24小时即可出芽。待芽长1~3毫米时播种。

（5）播种。播种前1天将营养钵或穴盘浇透水。播种时，营养钵每钵或穴盘每穴播1粒发芽的种子，种子要平放或芽尖向下。播后覆盖0.5~1厘米厚疏松湿润的营养土或基质，然后覆盖地膜保温保湿。

（6）苗床管理。出苗前温度宜为28~30℃。

浸种

播种

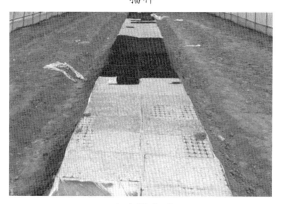

及时揭地膜

施底肥

及时"脱帽"

分苗

定植

当40%～50%的种子出苗后及时揭去地膜。出苗后昼温宜为25℃左右，夜温宜为20℃左右。定植前7～10天炼苗，夜温降至15～18℃。苗期适当控制水分，苗床表面发白时可适量浇水，浇水宜在上午进行。

3. 整地施肥

（1）整地开厢。冬闲田在春节前翻耕炕土，定植前30天一耕两耙后整厢。耕深0.3～0.4米，整成宽约1.5米厢（含沟宽约0.5米）。

（2）施肥。冬闲田在定植前10天在厢面中间条施基肥。每亩施优质腐熟有机肥2500～3000千克，含硫三元复合肥约50千克。将厢面整细、耙平，每亩用48%氟乐灵乳油50毫升兑水15～20千克喷施甜瓜栽培行，采用滴灌栽培的铺好滴灌带，并覆盖好地膜。

4. 定植

（1）时期。在3月下旬至4月上旬，苗龄二叶一心至三叶一心时，选晴好天气定植。

（2）方法。爬地栽培在厢面中间定植一行，株距0.3～0.4米，定植后，均应浇足定根水，封好定植孔。

5. 大田管理

（1）肥水管理。定植后根据土壤墒情，

在蔓长约30厘米时，坐瓜后和果实膨大期可各浇水一次。幼瓜长到鸡蛋大小时，结合浇水，每亩施含硫三元复合肥25～30千克。进入果皮硬化期或网纹形成期，应控制浇水，以防裂果和形成粗劣网纹。成熟前1周停止浇水。

（2）整枝理蔓。采用双蔓或三蔓整枝，即当幼苗长出三四片真叶时进行主蔓摘心，子蔓伸出后选留两三条健壮的子蔓，其余子蔓全部摘除，在子蔓的第4～6节上的孙蔓留瓜，子蔓长出约10片真叶时摘心，坐果孙蔓留一两片真叶摘心。

（3）选瓜留瓜。宜于果实直径4～5厘米时，选留瓜形周正，符合品种特点的瓜作商品瓜，根据品种特性宜每株留三四个瓜。

（4）采收期管理。成熟后应及时采收，田间操作时注意不要损伤瓜蔓，减少病虫危害，根据长势适时追施肥水。采收结束后应

双蔓整枝

及时清洁田园。

6. 病虫害防治

（1）主要病虫害。主要病害有白粉病、霜霉病、蔓枯病、炭疽病、细菌性叶斑病、病毒病等。

主要虫害有蚜虫、瓜绢螟、黄守瓜、美洲斑潜蝇等。

（2）防治原则与方法。按照"预防为主，综合防治"的植保方针，坚持以"农业防治、物理防治、生物防治为主，化学防治为辅"的无害化治理原则，不同类型农药应交替使用，遵守农药使用安全期规定，不得使用禁用和限用农药。

（3）农业防治。选用抗病抗虫品种，培育适龄壮苗，实施轮作制度，采用深沟高畦，甜瓜采用地膜覆盖栽培，及时清洁田园。

（4）物理防治。播种前宜选用温水浸种，银灰色地膜驱避蚜虫，黄板和杀虫灯诱杀。

（5）生物防治。保护或释放天敌，如蚜虫可用瓢虫、蚜茧蜂、草蛉、食蚜蝇等天敌防治，棉铃虫、烟青虫等可用赤眼蜂等天敌防治。提倡使用植物源农药如苦参碱、印楝素等防治病虫害。

（6）化学防治。

白粉病：15%粉锈宁可湿性粉剂1000～1500倍液，或20%粉锈宁乳油1500～2000倍液，或70%甲基托布津可湿性粉剂1000～1500倍液，或75%百菌清可湿性粉剂500～800倍液，或40%多硫胶悬乳剂500倍液等喷雾。

霜霉病：47%瑞农可湿性粉剂700～800倍液，或60%乙膦铝可湿性粉剂500倍液，或70%乙膦锰锌可湿性粉剂500倍液，或18%甲霜胺锰锌可湿性粉剂600倍液，或64%杀毒矾可湿性粉剂400～500倍液，或72%克抗灵可湿性粉剂800倍液，或56%靠山水分散微颗粒剂800倍液，或72.2%霜霉威水剂600倍液，或15%庄园乐水剂200倍液，或15%消灭灵水剂600倍液等喷雾。每隔7～10天防治一次，连续防治三四次。喷后4小时遇雨需补喷。

蔓枯病：70%甲基托布津700～800倍液，或70%代森锰锌可湿性粉剂500倍液，或70%百菌清可湿性粉剂600倍液，或50%混杀硫悬浮剂500～600倍液等喷雾。也可用70%

甜瓜白粉病

甜瓜霜霉病

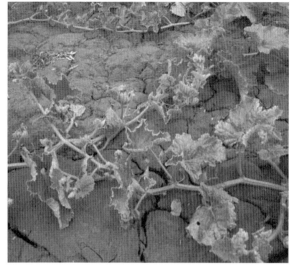

甜瓜病毒病

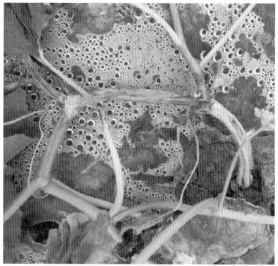

甜瓜蔓枯病

甲基托布津50倍液，或75%敌克松可湿性粉剂50倍液涂抹病部。

炭疽病：80%代森锰锌可湿性粉剂，或10%苯醚甲环唑水分散颗粒剂（世高）3000～6000倍液，或75%百菌清可湿性粉剂500～700倍液等喷雾。

叶斑病：47%加瑞农可湿性粉剂800倍液，或72%农用链霉素可溶性粉剂3000～4000倍液，或50%退菌特可湿性粉剂800～1000倍液，或10%双效灵水剂300～400倍液等喷雾。

病毒病：防治蚜虫，发病初期用5%菌毒清可湿性粉剂250倍液，或20%病毒A可湿性粉剂500倍液等喷雾，喷两三次。

蚜虫：10%吡虫啉可湿性粉剂1500倍液，或20%好年冬乳油2000倍液，或27%皂素烟碱乳油300～400倍液等喷雾。

瓜绢螟：5%抑太保乳油1500～2000倍液，或5%卡死克乳油1500～2000倍液，或1.8%阿维菌素1500～2000倍液等喷雾。

黄守瓜：8%丁硫啶虫脒乳油1000倍液，或5%鱼藤精乳油500倍液等喷雾。

美洲斑潜蝇：5%卡死克乳油2000倍液，或5%抑太保乳油2000倍液，或1.8%爱福丁乳油3000～4000倍液等喷雾。

甜瓜收获前田间禁止使用功夫菊酯、敌杀死、灭多威、高效氯氰菊酯、克螨特、三氯杀螨醇。

7. 采收

判断果实的成熟度，可从皮色、香味、熟性等方面识别。多数品种的幼果和成熟果，皮色上有明显的变化。鉴别甜瓜成熟度的标准主要有：一是开花至成熟的时间。不同品种自开花至成熟的时间差别很大，栽培时可在开花坐果时做出标记，到成熟日期前后采收；二是离层。多数品种果实成熟时在果柄与果实的着生处都会形成离层；三是香气。有香气的品种果实成熟时开始产生香气，成熟越充分香气越浓；四是果实外表。成熟时果实表现出固有的颜色和花纹；五是硬度。成熟时果实硬度有变化，用手按压果实有弹性，尤其花脐部分；六是植株特征。坐果节位的卷须干枯妇；坐果节位叶片叶肉失绿，叶片变黄，此可作为果实成熟的象征。

包装

采收应在早上温度较低，瓜表面无露水时进行。采收时瓜柄应剪成T形。采收后随即装箱或装筐运走。如果往外地远运，则在采收时应注意：采收前10～15天停止浇水以减少腐烂损耗；采收的成熟度要一致；采收及装运过程中动作要轻。

（三）间套种模式

1. 瓜棉套种

瓜棉套作

2. 果瓜套种

3. 菜瓜种植模式（春甘蓝—薄皮甜瓜—夏萝卜—秋番茄高产高效栽培模式）

（1）周年茬口安排及效益。本模式适合于露地一年四熟周年生产。春甘蓝于10月下旬至11月上旬播种育苗，翌年1月上旬分苗，1月底定植，3月底开始收获，4月上旬收获完毕。薄皮甜瓜于2月上旬保护地播种育苗，4月中旬定植，6月上旬收获；夏萝卜6月下旬直播，8月初收获。秋番茄7月中旬遮阴育苗，8月中旬定植，10初开始收获。一般每亩产甘蓝约3500千克，产值约1400元；甜瓜约2500千克，产值约1500元；萝卜约1500千克，产值约1200元；秋番茄约2000千克，产值约1600元。总产值约5700元，扣除生产成本，可获纯收入约4500元以上。

（2）春甘蓝栽培技术要点。

品种选择：选用抗逆性强、商品性好、冬性较强的中甘15号、中甘16号、春丰、庆丰等早熟品种。

播种育苗：在大棚内采用营养钵拱棚育苗，播种前10天整地施肥，每亩施优质腐熟农家肥约10千克，耙细整平，做好苗床，播种时浇足底水，待水入渗后每平方米撒播1.40～1.80克种子，盖上地膜保湿提温。白天20～25℃、夜间14～15℃进行苗床管理，3～4天出苗，揭去地膜，视墒情浇水。在幼苗长出一两片真叶时分苗，分苗前喷施0.2%磷酸二氢钾溶液，此后少量多次浇水，使苗床见干见湿。

整地定植：结合整地每亩施优质腐熟农家肥约4500千克，过磷酸钙约35千克，硫酸钾约15千克，起垄铺膜。1月底六叶一心定植，株行距约40厘米×30厘米，亩栽4500株。及时浇定植水，并随水施少量速效氮肥，这样不仅可加速缓苗，增强幼苗抗寒能力，而且还可减少"未熟抽薹"。

田间管理：缓苗后甘蓝生长即进入莲座期，此时应适当控水蹲苗。当叶片明显挂厚

果瓜套作

蜡粉，心叶开始抱合，则应及时结束蹲苗，并结合浇水每亩追施三元复合肥约10千克，同时用0.20%的硼砂溶液喷施叶面一两次。在心叶抱合结球时，加强肥水管理，并配合浇水每亩追施三元复合肥约15千克，同时用20%的磷酸二氢钾溶液叶面喷施两三次。

病虫害防治：主要病害有黑腐病、软腐病。发病初期用14%络氨铜水剂600倍液，或77%氢氧化铜可湿性粉剂400～600倍液，或72%农用链霉素可湿性粉剂4000倍液等喷雾，每隔7～10天喷一次，连喷两三次。主要虫害有蚜虫、小菜蛾等，可用20%吡虫啉1000倍液，或5%卡死克1500倍液等喷雾防治。

采收：据甘蓝的生长情况和市场需求，在叶球大小定型、紧实时即可采收。

（3）薄皮甜瓜栽培技术要点。

品种选择：选耐低温、株形紧凑、结果集中、肉质细腻、香甜爽口、抗病、早熟高产的品种，如新青玉、新白沙蜜、红城脆、丰甜一号等。

播种育苗：用约55℃温水浸种约30分钟后用0.1%高锰酸钾液消毒2～3小时，捞出用清水洗净，用湿布包好，置30℃环境中催芽，约有80%种子露白时即可播种。

整地定植：每亩施优质有机肥约2000千克、腐熟鸡粪约600千克、过磷酸钙约100千克、碳铵40～50千克、饼肥约150千克。将2/3基肥撒施，浇足底水，深翻25～30厘米；耙细整平，把剩余1/3基肥撒到定植行上，撒幅约0.4米，然后与土混匀。当苗龄30～35天，长出四五片真叶时即可定植。采用高垄栽培，垄宽约1.0米，垄高10～15厘米。定植前5～6天，覆盖地膜增温；定植时，在膜上按株距约35厘米挖穴，每穴栽1株苗，浇水后覆土埋实。

田间管理：开花坐果后，视植株长势适当追肥，每亩施三元复合肥10～15千克，在行间开沟施入。生长期还可叶面喷施0.2%～0.4%磷酸二氢钾，作根外追肥。幼苗期适当控制灌水，果实膨大期加大灌水量，果实停止膨大时需控制灌水。薄皮甜瓜以子蔓和孙蔓结果为主，宜采用双蔓整枝或多蔓整枝方法。在幼苗长出四五片真叶时摘心，选留2条健壮的子蔓生长，子蔓长出8～12片真叶时进行子蔓摘心，选子蔓中上部发生的孙蔓留果，孙蔓上留两三片真叶摘心。

病虫害防治：主要有霜霉病、白粉病、枯萎病、炭疽病、瓜蚜、红蜘蛛等。霜霉病用25%瑞毒霉800～1000倍液，或40%乙磷铝400倍液等喷雾防治；白粉病用70%甲基托布津1000倍液，或25%粉锈宁1000～1500倍液，或77%可杀得500～700倍液防治；炭疽病用70%代森锰锌500倍液，或75%百菌清600～800倍液等喷雾防治。瓜蚜、红蜘蛛用20%灭扫利2000倍液，或20%吡虫啉1000倍液等喷雾喷杀。

采收：当雌花开放后25～30天，皮色鲜艳，花纹清晰，果面发亮，显现本品种固有色泽和芳香气味；瓜柄附近瓜面茸毛脱落；果顶近脐部开始发软，用手指弹果面发现混浊音时即应采收。

（4）夏萝卜栽培技术要点。

品种选择：选用耐热性好、抗逆性强的早熟品种，如耐暑40、夏抗40、热抗48、短叶13等。

整地施肥：每亩施腐熟农家肥约2000千克、三元复合肥30～40千克。萝卜要深沟高畦栽培，畦高25～30厘米。

播种：采用穴播，每穴一两粒，每亩用种量60～90克。夏萝卜的栽培密度根据夏萝卜的生育期及根部的大小而定。亩植6000～8000株比较适宜，这样有利于提高单位面积产量。

田间管理：幼苗出土后生长迅速，在幼苗长出一两片真叶和三四片真叶时分别间苗1次，幼苗长出五六片真叶时定苗。根据萝卜各生长期的特性及对水分的需要均衡供水，切勿忽干忽湿。播种后浇足水，大部分种子出苗后要再浇1次水，以利全苗。定植后，幼苗很快进入叶子生长盛期，要适量浇水。营养生长后期要适当控水，防止叶片徒长而影响肉质根生长。植株长出十二三片真叶时，肉质根进入快速生长期，此时肥水供应应充足，可根据天气和土壤条件灵活浇水。大雨后必须及时排水，防止水分过剩沤根，产生裂根或烂根。高温干旱季节要坚持傍晚浇水，切忌中午浇水，以防嫩叶枯萎和肉质根腐烂，收获前7天停止浇水。萝卜对养分也有特殊的要求，缺硼会使肉质根变黑、糠心。肉质根膨大期要适当增施钾肥，出苗后至定苗前酌情追施护苗肥，幼苗长出两片真叶时追施少量肥料，第二次间苗后结合中耕除草追肥一次。在萝卜"破白"至"露肩"期间进行第二次追肥，一般每亩施20～25千克三元复合肥。需要注意的是，追肥不宜靠近肉质根，采用沟施或穴施，以免烧根。

病虫害防治：从苗期开始可用5%卡死克1500倍液，或52.25%农地乐1500倍液，或2.5%蚜虫立克乳油3000倍液喷雾，防治蚜虫、黄条跳甲、菜青虫、小菜蛾等。后期用75%百菌清600倍液，或58%甲霜灵锰锌500倍液等喷雾防治霜霉病；用72%农用链霉素1000倍液，或47%加瑞农500倍液，或50%可杀得500倍液等喷雾防治软腐病。

采收：播种后40～45天即可上市，单根重200～300克，上市时正值8～9月市场淡季，可获得较高效益。

（5）秋番茄栽培技术要点。

品种选择：选用既耐热又耐寒、产量高、果皮厚、耐贮性强，特别是抗病毒病强的一些早熟品种，如金棚五号、阳光906、合作903等。

播种育苗：培育无病毒适龄壮苗是栽培成功的关键。一般在7月20日前后播种，播前进行种子消毒，种子处理可用约55℃温水浸泡约20分钟，再用20℃水浸泡4～5小时，然后用10%磷酸三钠浸泡约30分钟，捞出后用清水洗净催芽，催芽时每天用清水洗种两次，约有50%种子露白时即可播种。播后可覆膜保湿并用遮阳网覆盖，当有30%～50%种子出土后应及时揭去覆膜。一般4～5天出苗，当两片真叶展开后进行间苗。壮苗标准：苗龄为25～30天，茎基粗约0.7厘米，五六片真叶，叶色深绿，根多而粗壮，无病虫害。

整地定植：一般每亩施腐熟厩肥约2000千克，过磷酸钙约20千克，在畦中间沟施三元复合肥约20千克。畦宽约1.5米，可单行双株或双行单株，株距40～45厘米。定植应选在晴天下午4点后，阴天可全天，边移栽边浇活棵水。

田间管理：在施足基肥的前提下，营养生长期一般不需追肥，以防植株徒长。第一花序坐果后5～7天、果实核桃大小时，开始施催果肥，以后在盛果期和第一次采果后各施一次，共三四次，每亩施三元复合肥15～20千克，并根据需要喷施植物营养液。栽培中切忌土壤忽干忽湿，遇高温干旱天气，土壤缺水要及时浇水，采用灌水法的要注意灌水量不能超过横沟的1/3，且灌水后要及时排出。灌水要在清晨或傍晚进行，切忌在土温较高时进行。一般晴热天气约4天左右进行一次，现蕾前适当控制水分。 秋番茄第一花穗坐果后双杆整枝。主枝第三穗及侧枝果穗每穗留果1～3个，每株留果约15个，疏去畸形果、病果、小果。一般在9月下旬至10月上旬，当达到所需果数时进行摘心，在着生最后一穗果的茎上留两三片真叶，把顶芽和多余花穗全部摘去，以利于果实膨大，促进果实提早成熟。在进入中后期时摘去下部的病叶、老叶，以利改善植株间的通风透光条件及防止病害传播。 为了防止高温引起落花，可采用防落素喷花，一般浓度为10～15毫克/千克，在花序上有两三朵花时使用。

病虫害防治：用20%病毒A500倍液防治早期病毒病；用58%甲霜灵锰锌500倍液，或80%乙磷铝可湿性粉剂400～600倍，或64%杀毒矾500～600倍液等喷雾防治番茄疫病；用50%速克灵可湿性粉剂1000～1500倍液防治灰霉病。同时，在番茄的整个生长期内应及时防治蚜虫危害，以减少番茄病害的发生。

采收：果实的采收，可根据市场需求和市场价格适当提前或退后，一般以果实约有1/3转为红色时为宜。

4. 避雨栽培

避雨栽培

三、南瓜

（一）南瓜概况

1.品种

　　南瓜在园艺学上被归类为蔬菜作物，品种繁多，外观优美、色彩丰富，是所有瓜果类蔬菜中外貌最为多样化的。植物学家将南瓜分为中国南瓜、美洲南瓜、西洋南瓜、黑籽南瓜等；根据食用性可分为食用南瓜和观赏南瓜；根据大小可分为普通南瓜和巨型南瓜等。

中国南瓜

西洋南瓜

美洲南瓜

观赏南瓜

观赏南瓜

巨型南瓜

2. 植物学特征

（1）茎。中国南瓜的茎蔓细而长，五棱形，节上易生不定根；西洋南瓜的茎蔓粗大，近圆形，节上易生不定根；美洲南瓜的茎蔓矮生，有棱或沟，并有坚硬刺毛。

（2）叶。中国南瓜的叶心形或浅凹的五角形，叶脉交叉处常有白斑，有柔毛；西洋南瓜的叶圆形或心形，缺裂极浅或无，无白色斑点；美洲南瓜的叶卵形，裂片极深，叶背脉上有刺毛。

（3）花。雌雄同株。雄花单生，花萼筒钟形，长5～6毫米，裂片条形，长1～1.5厘米，被柔毛，上部扩大成叶状；花冠黄色，钟状，长约8厘米，横径约6厘米，5中裂片，裂片边缘反卷，具皱褶，先端急尖；雄蕊3枚，花丝腺体状，长5～8毫米，花药靠合，长约15毫米，药室折曲。雌花单生，子房1室，花柱短，柱头3个，膨大，顶端2裂。

（4）种子。中国南瓜的种子边缘隆起而色较深暗，种脐歪斜，圆钝或平直；西洋南瓜的种皮边缘的色泽和外形与中部同，种子较大；美洲南瓜的种皮周围有不明显的狭边，种脐圆钝或平直，种子较小。

3. 环境条件

（1）温度。南瓜属于喜温蔬菜，对于温度的反应因种类和品种不同而有差异。南瓜生长最适宜的温度为18～32℃，开花结果的温度要求高于15℃，果实发育最适宜的温度为25～27℃，35℃以上则花器官不能正常发育，结果停歇。

（2）日照。南瓜属短日照作物，雌花出现的迟早，与幼苗时期温度的高低及日照长短有很大关系。低温短日照能促进雌花形成。在生产实践中，一般将南瓜提早播种，能早结瓜，产量高。

（3）水分。南瓜具有强大的根系，是耐旱性较强的表现，南瓜在头瓜未坐稳之前，当土壤湿度大或追肥过多时，常易出现徒长。在雌花开放时若阴雨连绵，常不能正常授粉，造成落花落果。

（4）土壤。对土壤要求不严格，适宜南瓜生长的土壤pH值5.5～6.8。在肥料的使用上，要注意三要素的配合施用，并应着重氮和钾的施用。

蜜本

东升

（二）露地南瓜标准化栽培关键技术

1. 品种选择

应选择抗病虫性和适应性强的品种。目前生产上可供应用的有东升、紫英、橘红1号、橙栗、赤栗、蜜本及黄狼等。

2. 播种育苗

（1）播种期。露地栽培的播种期宜为2月下旬至3月上旬。

（2）育苗方法。春播宜采取保护地营养钵育苗或穴盘育苗。

（3）苗床准备及营养土配制。应选用有机质丰富、结构疏松、透气性好、保水保

营养钵育苗

肥能力强、无病虫、无污染物、3年内没有种过瓜类作物的土壤配制营养土，或用草炭土、珍珠岩配制育苗基质。营养土的配制比例为干细土90%、腐熟有机肥10%；育苗基质的配制比例为草炭土80%、珍珠岩20%，配制时每亩营养土加入约0.5千克含硫三元复合肥（$N：P_2O_5：K_2O=15：15：15$，下同），并加入约0.1千克25%的多菌灵可湿性粉剂用于消毒，肥料和杀菌剂宜化水喷洒到营养土或育苗基质中并混合均匀。将营养土装入口径和高均约8厘米的塑料营养钵，或将育苗基质装入50孔育苗穴盘。

（4）浸种催芽。选择晴天晒种1～2天，用约55℃温水浸种并搅拌约15分钟，待水温自然降至室温后浸种4～6小时，捞起后用清水清洗两三次，甩干表面水分后在28～30℃条件下催芽36～48小时，芽长1～3毫米时播种。

（5）播种。播种前1天将营养钵或穴盘浇透水。播种时，营养钵每钵或穴盘每穴播1粒发芽的种子，种子要平放或芽尖向下。播种后覆盖1～2厘米厚疏松湿润的营养土或

播种

基质,然后覆盖地膜保温保湿。

(6)苗床管理。出苗前温度宜为28～30℃。当有40%～50%的种子出苗后及时揭去地膜。出苗后昼温宜为25℃左右,夜温宜为20℃左右。在定植前7～10天进行炼苗,夜温降至15～18℃。苗期适当控制水分,苗床表面发白时可适量浇水,浇水宜在上午进行。

3. 整地施肥

(1)选地。应选择土壤肥沃、排灌方便、通透性好的砂壤土或壤土田块。轮作作物宜为豆科作物、绿肥作物或深根系作物,不能与其他瓜类蔬菜作物连作,轮作年限不少于3天。

(2)整地开厢。前茬作物收获后翻耕炕土,定植前30天一耕两耙,爬地栽培整成厢面宽2.5～3.5米,沟宽约0.5米的厢。搭架栽培畦宽约1.8米(包沟)。

(3)施肥。定植前10天施入基肥,每亩施优质腐熟有机肥2000～3000千克,或腐熟大豆饼肥约160千克以及磷矿粉约60千克和硫酸钾约10千克。将厢面整细、耙平,采用滴灌栽培的铺好滴灌带,并覆盖地膜。

4. 定植

(1)时期。苗龄二叶一心至三叶一心时,选晴好天气定植。

(2)方法。爬地栽培每畦栽一行,株距约0.6米。立式栽培栽两行,株距约0.5米。浇足定根水,封好定植孔。

5. 大田管理

(1)温度管理。缓苗期昼温宜为

爬地栽培

立架栽培

双蔓整枝

28～30℃，夜温宜为18～25℃；伸蔓期昼温宜为25～30℃，超过35℃时应适当通风降温，夜温宜为15～20℃；开花结果期昼温宜为30～32℃，夜温15～20℃。

（2）水分管理。生长前期一般不需浇水，伸蔓期后根据土壤墒情灌溉。采收前5天应停止浇水。

（3）肥料管理。伸蔓肥根据瓜苗长势，每亩可追施5～10千克含硫三元复合肥；膨瓜肥在第一批瓜长到鸡蛋大小时，每亩施10～15千克含硫三元复合肥。

（4）整枝理蔓。蔓长约50厘米时开始整枝。爬地栽培可留1条主蔓和1条健壮的侧蔓；或长出五六片真叶时摘心，留2条健壮侧蔓，其余分枝全部抹除。整枝以后经常理蔓，将瓜蔓均匀地摆放在畦面上。

（5）人工授粉。第一雌花摘除，对第二雌花进行人工辅助授粉，宜在开花期每天上午7～10时进行，将当天开放的雄花花瓣反转，在雌花柱头上均匀涂抹。

（6）选瓜留瓜。宜于果实直径4～5厘米时，选留瓜形周正的瓜作商品瓜。中小果型品种每株留2～4个瓜，大果型品种每株留1个瓜。在所留果坐稳后，于顶端30节部位摘心，以利于养分向果实集中，促进果实的膨大。

（7）垫瓜与翻瓜。爬地栽培的南瓜易发生癞瓜、着色不匀等现象，严重影响果实的商品性与品质。可用麦秸等作物秸秆进行垫瓜，将果实着地一面翻转朝上等技术措施防止此类现象的发生。注意翻瓜时将藤蔓提起随瓜一起翻，否则极易将瓜弄掉。

6. 病虫害防治

（1）主要病虫害。主要病害有猝倒病、疫病、霜霉病、白粉病、炭疽病、病毒病等。

主要害虫有蚜虫、小菜蛾、菜青虫、跳甲、斑潜蝇、斜纹夜蛾等。

（2）防治原则。按照"预防为主，综合防治"的植保方针，坚持以"农业防治、物理防治、生物防治为主，化学防治为辅"的无害化治理原则，不同类型农药应交替使用，遵守农药使用安全期规定，不得使用禁用和限用农药。

（3）农业防治。选用抗病品种，培育适龄壮苗，实施轮作制度，采用深沟高畦、地膜覆盖栽培，合理密植，清洁田园。

（4）物理防治。播种前宜选用温汤浸种，夏季高温闷棚，避雨及遮阳覆盖，防虫网阻隔，银灰色地膜驱避蚜虫，黄板和杀虫灯诱杀。

（5）生物防治。保护或释放天敌，如蚜虫可用瓢虫、蚜茧蜂、蜘蛛、草蛉、蚜霉菌、食蚜蝇等天敌防治，棉铃虫、烟青虫等可用赤眼蜂等天敌防治。提倡使用植物源农药如苦参碱、印楝素等和生物源农药如农用链霉素、新植霉素等生物农药防治病虫害。

（6）化学防治。

猝倒病：72.2%霜霉威水剂700倍液，或64%杀毒矾可湿性粉剂500倍液等喷雾。

疫病：58%雷多米尔可湿性粉剂500～800倍液，或72%杜邦克露800～1000倍液，或58%瑞毒锰锌可湿性粉剂500～800倍液等喷雾。

炭疽病：80%代森锰锌可湿性粉剂3000～6000倍液，或10%苯醚甲环唑水分散颗粒剂（世高）3000～6000倍液，或75%百菌清可湿性粉剂500～700倍液等喷雾。

蔓枯病：10%苯醚甲环唑水分散颗粒剂3000～6000倍液，或50%甲基托布津可湿性粉剂600倍液，或50%扑海因可湿性粉剂1000～1500倍液等喷雾。

枯萎病：20%强效抗枯灵可湿性粉剂600倍液，或96%噁霉灵可湿性粉剂3000倍液等灌根两三次，每株用量约200毫升。

病毒病：5%菌毒清可湿性粉剂250倍液，或20%病毒A可湿性粉剂500倍液等喷雾两三次。

蚜虫：10%吡虫啉可湿性粉剂1500倍液，或20%好年冬乳油2000倍液，或27%皂素烟碱乳油300～400倍液等喷雾。

烟粉虱、蓟马：10%扑虱灵乳油1000倍液，或2.5%功夫乳油5000倍液，或2.5%天王星乳油3000倍液等喷雾。

瓜绢螟：5%抑太保乳油1500～2000倍液，或5%卡死克乳油1500～2000倍液，或1.8%阿维菌素乳油1500～2000倍液等喷雾。

黄守瓜：8%丁硫啶虫脒乳油1000倍液，或5%鱼藤精乳油500倍液等喷雾。

斑潜蝇：5%卡死克乳油或5%抑太保乳油2000倍液，或1.8%爱福丁乳油3000～4000倍液等喷雾。

7. 采收

（1）采收标准。以嫩瓜为产品时，根据市场需要，待果实定个后采收。以老熟瓜为产品时，待果实充分老熟后采收。

（2）成熟度判断。标记日期后时间达到该品种果实发育天数，外观呈现该品种成熟时固有特征即为成熟。

（3）采收方法。宜在上午进行。采收时留3～5厘米长的瓜柄。

露地瓜类蔬菜标准化栽培关键技术
ludigualei shucai biaozhunhua
zaipei guanjian jishu

四、黄瓜

（一）黄瓜概况

1. 品种

黄瓜原产于印度北部，喜马拉雅山脉的库曼锡金一带。关于黄瓜的分类方法，目前尚无统一的标准。按栽培季节可分为春黄瓜、夏黄瓜和秋黄瓜；按成熟期可分为早熟、中熟、晚熟；按果实的特性可分为刺黄瓜、少刺或无刺黄瓜、短黄瓜和小黄瓜。

少刺或无刺黄瓜

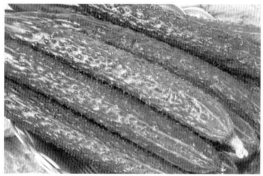

刺黄瓜

小黄瓜

2. 植物学特性

（1）根。黄瓜的根系为浅根系，细弱，吸收水肥能力差，而且维管束鞘易发生木栓化，断根后再生能力差。主要根群集中分布在植株周围约30厘米和表土层25～30厘米，直播黄瓜主根可深达约100厘米。其根系由主根、侧根、须根与不定根所构成。主根向地下生长且不断分生侧根，并以主根基部粗壮部分所分生出的粗壮侧根，与主根共同形成骨干根群，向表层四周伸长；从侧根粗壮部位又依次分生二级侧根和三级侧根。在主、侧根的下部又可分生出纤弱的须根。在黄瓜的胚轴与近土壤的茎上还可分生出不定根。侧根分布的范围最大可达200厘米以上。由于其根系浅且弱，因此黄瓜根系有喜肥，喜湿和好气的特性，抗旱性差，又不耐涝，要求肥沃、疏松和湿润的土壤。由于黄瓜根系的维管束木栓化早，再生能力弱，根系损伤后不能再发新根，对土壤肥水条件要求严格，且吸收能力弱。故在育苗与定植时切记不可伤根，若采用直播，应注重肥水管理。

（2）茎。黄瓜的茎为蔓生，苗期节间短、髓腔小。但随着植株的生长，节间明显加长，分枝多，无限生长。下部低节位的茎节间短，可以直立，而上部高节位的茎节间长，蔓性化程度高，不能自立。故在栽培中需立支架，助其不断向上生长。茎蔓节上长叶、卷须、分枝以及雌花与雄花。不同的品种，主蔓的长短有别，长蔓品种，在优良环境条件下，主蔓长约5米；而短蔓品种在不良的环境条件下，主蔓长约1.5米。茎蔓粗0.6～1.2厘米，节间长5～9厘米。茎蔓上、下胚轴的横断面为四棱形，其他各节茎蔓横断面为五棱形，中心为不规则呈放射状展开的髓腔，茎表皮着生刚毛，表皮内层为厚角组织且较薄，表皮与髓腔间分散大小不等的双韧维管束6～8条，周围为薄壁细胞。由于髓腔较大而木质较小，故茎蔓容易折裂。黄瓜具有不同程度的顶端优势，顶端优势强弱与品种有关。顶端优势强的品种多数为早熟品种，其分枝少，易在主蔓上结瓜；而顶端优势弱的品种，大多为中晚熟品种，其分枝多，主蔓上可分生侧蔓，而侧蔓上又可再生孙蔓，以侧蔓和孙蔓结瓜为主，故在栽培中对这些品种应注意适当摘心，防止因枝叶生长过多遮阴影响通风透光。也有一些主侧蔓均易结瓜的中间型品种。黄瓜植株长势的强弱，一般表现在茎的粗细、颜色的深浅和茎表皮刚毛的强度等方面。一般茎蔓粗壮，颜色深，刚毛发达，为长势强的植株；而茎蔓细弱，颜色淡，刚毛不发达的则为弱势植株；如营养过剩时茎蔓过于粗壮，颜色过浓，这种长势植株亦会影响产量。

（3）叶。叶片分子叶和真叶两种。黄瓜幼苗出土后初生的叶片叫子叶，两片对称生长，呈长圆形或长椭圆形，大小为（4～5）厘米×（2～3）厘米。子叶贮藏与制造的养分，主要供给黄瓜幼苗早期生长的需要，因此幼苗期，保护好子叶不受损伤，不仅直接影响到幼苗的生长和幼苗的质量；同时对成株的正常生长发育亦很重要。子叶生长状况包括子叶的大小、厚薄、颜色深浅及留存时间与是否损伤，既与种子的质量有关，也与育苗条件以及苗床管理好坏有关。从子叶中抽生出的叶，直至成株节位上着生的叶均称之为真叶。真叶为单叶互生，掌状五角形，柄长叶大，深绿色，有茸毛，一般成龄叶片长宽多在10～13厘米，面积为200～500平方厘米，以展开约10天后的叶片面积最大，净化率最高，叶龄超过40～45天的叶片则衰落。叶片薄，叶缘有缺刻，叶表面有刺毛和气孔。叶片的正反两面刺毛与气孔分布不一，叶正面的刺毛密，但气孔少且小；而叶片背面的刺毛稀，但气孔多且大。叶片边缘还有许多水孔，在空气湿度过大或早晨，可见叶缘水孔有水珠，即叶片"吐水"现象。叶片气孔和水孔是植物对外物质交换的通道与平台，同时亦为病原生物的侵染开辟了途径，因此在喷药防病时务必注意叶背面的施药。叶片对某些肥料等物质有一定的吸收能力，故可采用叶面施肥。但同时也会受到有毒气体和有毒物质的污染。

不同的黄瓜品种，叶岑、叶位、植株的营养状况均显著影响到叶片的生长状况，包括叶片的大小、厚薄、色泽和叶柄长短、粗细等，都有一定的差异。

（4）花。黄瓜雌雄同株异花，为异花授粉。雌花和雄花均为单性花，而完全花则为两性花，可自行开花授粉。黄瓜花退化的表现，一是花序消失只见腋生花簇；再是每朵花分化之初都有尊片、花冠、蜜腺、雄态、雌蓓的初生突起，即两性花的原始形态特征，但在形成萼片与花冠之后，有的雄蕊退化形成雌花，有的雌蕊退化形成雄花，有的雌雄花均能发育，形成不同程度的两性花。表明黄瓜花芽分化时为无性时期，继而进入两性时期，最后为单性时期。即黄瓜在花芽分化前期还未决定性别，直至雌雄蕊分生后才确定性别，其结果是形成黄瓜花的多样性或多种类型。根据植株上花的着生状况可将其分为7种类型：完全花株、雌性株、雄性株、雌雄同株、雌全同株、雄全同株、雌雄全同株。植株上第一雌花着生节位及雌花比例是评价黄瓜品种的重要指标。第一雌花着生节位越低、雌花比例越高，对于黄瓜

早熟、丰产越有利。黄瓜的花萼和花冠均为钟状，5裂片。花萼绿色，有刺毛，花冠黄色，有蜜腺，为虫媒花，品种间自然杂交率为53%～76%，亦有单性结实的特性，即雌花可以不经授粉而结果，但为提高坐果率也可进行人工辅助授粉。不同的品种、气候与栽培条件会影响到黄瓜雌、雄花的分化，一般早熟品种多在第3～4节以上出现雌花，而中晚熟品种在第7～10节以上出现雌花，有时节节见雌花，有的每隔2节后再现雌花。苗期低温时第一雌花出现节位亦较低。因此，雌花出位的高低和每株数量直接关系到黄瓜的早熟与高产。

（5）果实。果实为瓠果，是由子房、花托共同发育而形成的假果。果皮实为花托的外表，而可食的果肉部分则是果皮和胎座，故属假果或假浆果。果实为筒状或长棒状，果皮平滑或具棱、瘤、刺，因品种而异。黄瓜开花前后幼果的生长主要靠细胞分裂进行，利用适当肥水供应可调节其生长，而到谢花后的幼瓜生长则主要依赖于细胞的膨大，故子房较大的雌花在同等条件下易结大瓜。一般在谢花后生长慢，以后逐渐加快，后又减慢，以开花后约10天生长最快。果重以开花后6～9天增重最多。黄瓜果实的生长速度，平均每日增长2～4厘米，通常开花后8～18天达到高品质瓜成熟标准。不同品种的黄瓜果实生长速度有别，一般短果形品种生长速度慢，果长15～30厘米；而长果形品种生长则较快，果长可达40～60厘米。黄瓜果实生理成熟期约45天。

（6）种子。黄瓜的种子着生在侧膜胎座上，每个胎座着生两列种子，是胚珠受精后发育而成的无胚乳种子。单果含种子数100～300粒。呈扁平椭圆形或披针形，黄

白色，长8～13毫米，宽3～4毫米，厚1～2毫米，千粒重20～40克。从授粉至种瓜采收35～40天，种子无生理休眠，但须经过后熟。种瓜采收后，需在阴凉处存放数日，待完成后熟后方可掏种。种子发芽年限可达4～5年，但以1～2年的活力最高。

3. 环境条件

（1）温度。黄瓜生长发育所要求的温度条件因不同的生育阶段而有所不同。在田间自然条件下，以15～32℃为宜。其种子发芽适温27～29℃；植株生长发育适温，幼苗期白天22～25℃，夜间15～18℃，开花结果期白天25～29℃，夜间18～22℃；根系适宜地温的范围与适宜夜温相近。最适地温为20～25℃，低于20℃根系活动减弱，当地温下降至12～13℃时根系停止生长，但高于25℃时呼吸增强，易引起根系衰弱死亡。白天光合作用适温为25～32℃，32℃以上时呼吸量加大，净同化效率下降。最高温度达35℃时为光合作用补偿点，超过35℃时，破坏了光合作用与呼吸平衡，导致生理失调，同化作用效率下降，易形成苦味瓜。连续45℃以上温度时，叶片失绿，雄花不开花，花粉发芽不良，出现畸形果。短期50℃时茎叶坏死。黄瓜不耐寒，温度低于适宜温度范围亦对黄瓜的生长发育产生不良影响。10～13℃时易引起生理活动紊乱，停止生长，约4℃时受冷害，约0℃时引起植株冻害。在低温及高温条件下，根系生长及吸收功能受到影响。

（2）日照。黄瓜属短日照植物，在较短日照条件下有利于雌花的发育，第一雌花出现着生节位低，雌花数目多。不同生态型的品种对日照时间的长短反应不一，通常低

纬度地区黄瓜地方品种要求短日照才能正常开花，包括华南型、南亚型品种；而我国北方地区的黄瓜地方品种，即华北型品种，对日照长短的要求不严格，属中性日照蔬菜。但8～11小时的短日照条件，仍能促进雌花的分化与形成。黄瓜在单位时间内净同化率水平较低，但黄瓜的光合作用与日照时间长短及光照强度密切相关。据调查，同一天16小时40分钟的长日照环境下每日净同化率，比当天8小时30分钟的短日照环境高3倍以上。黄瓜的光合作用对日照强度十分敏感，其光合作用的补偿点约为2000勒克斯；田间黄瓜叶片光合作用的饱和点在55 000勒克斯左右，延长日照时间虽能提高光合生产率，但幅度较窄，过高过低都会影响光合生产率。光质对黄瓜的生长发育亦有一定影响。如650～700纳米波长的红光波，能促进茎叶生长，而400～450纳米波长的蓝光波，则会抑制茎叶的生长，促进花芽的分化。黄瓜的光合生产率亦随季节和时日有所变化。一般在3～6月最高，9～11月次之，7～8月再次之，以12月至翌年2月最低；而时日的变化，每日以清晨至中午较高，光合生产率为全天的60%～70%，下午则较低，只占全日的30%～40%。不论季节或时日变化，都与日照时间的长短与强度有关。

（3）水分。黄瓜喜湿但不耐涝，又不耐干旱。其根系浅，叶面积大，其所吸收的水分绝大部分通过叶面蒸腾而消耗，以维持植株热量平衡和其他生理功能。但吸收能力亦弱，对土壤湿度和空气湿度均有严格要求。黄瓜的蒸腾系数高，露地栽培黄瓜的蒸腾系数为400～1000，设施栽培黄瓜的蒸腾系数在400以下。黄瓜要求较高的土壤湿度，为田间持水量的85%～90%，空气湿度

鄂皇一号

戴多星

为空气相对湿度90%以上。黄瓜不同的生育阶段对水分的要求有别。一般浸种催芽要求水分多，以利种子吸水膨胀和种子内贮藏养分的转化运转与利用，促进种子发芽。苗期要求适当的水分供应，适宜土壤湿度为田间持水量的60%~70%，但不能过多，进入抽蔓期特别是结果期要求充足的水分供应，但亦不能过多。适宜土壤湿度为田间持水量的80%~90%，空气湿度白天约为空气相对湿度的80%，夜间约为空气相对湿度的90%。

（4）空气。空气中的氧、二氧化碳和有毒气体都会对黄瓜的生长发育、产量和品质构成影响。黄瓜的光合作用需要二氧化碳。空气中二氧化碳浓度直接影响到黄瓜的光合强度。在空气二氧化碳浓度0.1%以下的范围内，叶片的光合强度随二氧化碳浓度的提高而增强，在日照强度、温度、湿度都较高的情况下，光合作用的二氧化碳饱和浓度可高达1%。设施栽培中通过二氧化碳施肥等措施，可以显著提高黄瓜的产量。而空气中有毒气体如氮氧化物、二氧化硫、一氧化氮以及氟化氢、氨气、氯气等有毒气体则会污染黄瓜，不仅妨碍黄瓜植株的生长发育，且会对产品造成污染，影响其食用品质和安全性。

（5）土壤及养分。黄瓜适宜于疏松肥沃及中性（pH值6.5~7.0）的砂壤土中生长，才能获得优质高产；在其他土壤上种植虽能生长，但产量不高，效益不好。在pH值高的碱性土壤上种植，幼苗容易烧死或发生盐害，而在酸性土壤上种植，易发生多种生理障碍，植株黄化枯萎，尤其在连作情况下更差，易发生枯萎病。黄瓜根系呼吸强度较大，需氧量较高，为土壤含氧量的10%。而且是疏松肥沃的土壤。黄瓜根系对土壤溶液浓度的适应力较低，一般在0.03%~0.05%。黄瓜的需肥量在瓜类作物中偏低。分析黄瓜植株，叶的干物质中含氮3%~5%，五氧化二磷0.4%~0.8%，氧化钾3%~7%；在黄瓜根的干物质中约含氮2.0%，五氧化二磷1.3%，氧化钾1.3%；黄瓜果实干物质中约含氮3.5%，五氧化二磷1.2%，氧化钾5.3%。黄瓜在不同生育时期的需肥量不同，以结瓜期的需肥量最多，约占全生育期需肥总量的60%，主要用于果实的生长。因此确保结果期肥料的供应是黄瓜高产的关键所在。

（二）露地黄瓜标准化栽培关键技术

1. 品种选择

露地黄瓜是传统最基本和主要的栽培形式。露地栽培受气候影响较大，应选择主蔓结瓜性强，早熟性好，第一雌花出现的节位低，单性结实强，瓜码密，品质好，耐寒性、抗逆性强，且对霜霉病、白粉病、枯萎病抗性较强的黄瓜类型的品种。如津春5号、津优4号、津绿5号、中农12号、绿耐克、鄂皇一号、郑黄2号、鲁春26、龙杂黄3号、际洲1号等。

2. 播种育苗

（1）播种期。露地栽培定植适期均以当地断霜后，平均气温在18℃以上时为宜，南北各地由于无霜期长短与断霜期早晚不一，故各地露地黄瓜定植的时间差别较大，各地可根据当地春黄瓜的定植、育苗方式与苗龄长短推算出适宜的播种育苗时间。长江中下游地区适宜的播种时间为2月下旬至3月上旬。

（2）种子处理。播种前的种子必须经50～55℃高温烫种或药剂等消毒处理，以防苗期病害的发生与传播。用50～55℃热水烫种15～20分钟，可防黄瓜苗期炭疽病和猝倒病；用福尔马林药液处理黄瓜种子能防枯萎病和疫病。消毒处理后的种子再经浸种催芽，在15～35℃温水中浸种4～6小时，再置于28～30℃恒温条件下催芽，露白即可播种。

（3）播种。胚根显露后应选晴天上午气温高时立即播种。可选用穴盘、营养钵、营养块等育苗。播种时种子要平放，上面覆土亦不宜太浅，表土不能干，以防出苗顶壳

（"戴帽子"）。

（4）苗床管理。露地栽培育苗，苗期主要管理仍以温度、湿度和光照调节为主，出苗前要求较高的温度以利促进早出苗、出全苗；出苗后子叶平展到真叶显露，应以较低温度控制下胚轴使其长粗而不能长长，以利于防止倒苗；当幼苗快速生长时，应适当提高温度，促进生长。黄瓜适宜的生理苗龄为三叶一心，一般育苗时间历时35～40天，长的可在播种后约50天内。成苗后，定植前应及时炼苗。

3. 整地施肥

（1）选地。黄瓜忌连作，对土地茬口的选择及土壤的要求较高，这是因为黄瓜的病虫害多，尤其是土传病害多易发生，而且黄瓜的根系又浅，连作重茬多所引起的土壤连作障碍严重，从而导致减产失收甚至无收。要严格选择3年以上未种过黄瓜及其他葫芦科蔬菜的田块种植。实行3～5年的轮作，以减少病虫害的发生并恢复与提高地力。

（2）施肥。冬闲地宜冬耕冻垡，定植前再浅耕碎土整平作畦；越冬菜及春菜出茬后应及时耕翻，碎土整平。结合增施充分腐熟的堆肥等有机肥，每亩2500～5000千克，并翻入下层。整地作畦前还可沟施腐熟粪肥、饼肥，以及三元复合肥或草木灰、过磷酸钙等。

（3）整地。黄瓜的畦作形式有平畦、高畦和垄作等多种，我国北方地区年降水量小，需要灌水量大，故多采用平畦栽培；而南方地区年降水量大，且要勤于排水，故多

用高畦或高垄栽培。栽培畦面要一律整细、整平，以防积水沤根。长江中下游地区以约1.5米宽（包沟）开高畦。

4. 定植

（1）定植时期。春季露地黄瓜的定植时间，宜在当地断霜即绝对终霜期后，平均气温稳定至15℃时进行。不同地区定植的时间早晚不同。

（2）定植方法。黄瓜定植的密度因不同品种、不同长短的生长期和不同的栽培形式以及土壤肥力高低而有所不同。一般情况下，早熟品种生长期短，小架栽培或土壤肥力差的，可栽培较密；每亩约6000株，行株距（40～43）厘米×（24～27）厘米。中晚熟品种生长期长，生长势旺，土壤肥沃，又是大架栽培的定植密度则较稀。亩植3000～5000株，一般约为4000株，株行距（70～80）厘米×（20～23）厘米。一般宜采用大小行种植，大行行距80～90厘米，小行行距50～60厘米。

定植方法，一般打穴种植，先按规定的行株距打穴，置苗于穴中，根际培土后浇足定根水，用营养钵等育成的苗，将幼苗从钵中轻轻起出，或用手指从钵的下方排水孔中向上托出幼苗，连坨一起栽入穴中，埋土浇水，注意黄瓜定植宜浅，以利缓苗成活。

地膜覆盖栽培应在做好的畦面上铺好地膜，然后按规定的株行距，破膜打穴，定植好幼苗，根际培好土，浇足定根水。注意将幼苗根际周围再培干土封牢，既可减少水分蒸发，以利发根成活，又能防止气温高时，从地膜定植孔内散发热气（汽化热）灼伤幼苗。

5. 大田管理

要不断根据黄瓜不同生育阶段的需要和生育特点适时做好田间管理工作。定植后应注意浇水，促进活棵。一般定植后3～5天即可活棵，即见生长点处显现嫩叶，如见萎蔫不长或死苗应及时采取相关措施或及时补苗。一般缓苗后土壤干旱应浇一次缓苗水，并及时中耕保墒，至采收根瓜前一般可中耕3次左右，以利保墒和提高地温，促进根系生长。高畦栽培且降雨多时则应注意及时排水。

从定植到根瓜采收前后，为黄瓜根系发育和花芽发育的主要时期。根系的发育，要求土壤适温在20～25℃，土壤湿度为土壤田间持水量的60%～70%，以及适当营养。至根瓜采收前后，黄瓜的根系已基本形成，花芽和性型分化已基本完成，且蔓上已结瓜，一般不会陡长疯秧。因此在缓苗期至根瓜坐住这个阶段，必须通过控制土壤湿度来提高地温，促使根壮苗肥，为黄瓜的丰产奠定基础；而当根瓜采收前后则开始通过肥水管理来促进茎蔓、叶片和瓜果的生长，并保持根系与蔓叶不断更新复壮。此时起开始分次追肥，先期追肥以充分腐熟的有机肥为主，如腐熟人粪、饼肥和草木灰、过磷酸钙等磷、钾肥。每亩施饼肥100～200千克，过磷酸钙10～15千克，可混合、粉碎沟施为宜。尔后可分次追施速效肥，如人粪尿、化肥等。北方每隔15天追肥1次，南方每隔3～5天1次，要结合灌水施用。每亩施人粪尿2500～3000千克、化肥25～30千克、过磷酸钙约15千克。

黄瓜另一个重要的田间管理工作是搭架与理蔓，进行植株调整。黄瓜为攀缘性蔓生藤本植物，既不能直立，亦不抗风，而且其叶片多，叶片大，叶柄长，节间也长，不耐强烈的地面辐射。需要支架助其生长方能直立向上，使其抗风不倒。一般是在甩条发棵初期搭架。黄瓜搭架的架形有大架、中架和小架之分。大架架高1.7～2.0米，小架架高0.70～1.0米。且多用人字架，即双行设一支架，为人字形，以利通风透光。用竹竿或专门生产的塑料杆架设，离每棵苗的根际8厘米处插一根杆，中间架一横梁，两株架杆上方扎在一起，即成人字架。当植株高约25厘米时，即开始绑蔓，用薄塑料绳绑在竖插的架杆上，尔后每隔三四片叶绑1次，记住要绑在瓜下1～2节处，既不会损伤瓜，又不易折断瓜蔓，操作也很方便。

春黄瓜品种多以主蔓结瓜为主，故通常保留主蔓结瓜，应将第一瓜（根瓜）以下发生的侧蔓及早摘除，以使养分集中，促进主蔓旺盛生长并结果。如见上面侧蔓结瓜，可在瓜的上方保留两片真叶时摘心，以增加结果数量，提高产量。在绑蔓时可摘除蔓上生长的卷须，以防养分消耗。搭架栽培可在长出20～25片真叶时摘心，促使其多结回头瓜；此外，还要及时将下部黄老病叶摘除。

6. 病虫害防治

可种植黄瓜的茬口多，且黄瓜的生长期长，茎蔓与叶片生长旺盛，又不断开花结果，病虫害发生频繁而且种类也多。苗期主要病虫害有猝倒病、立枯病和蚜虫；大田主要

病害有霜霉病、细菌性角斑病、炭疽病、黑星病、白粉病、疫病、枯萎病、蔓枯病、灰霉病、菌核病、病毒病等，还包括一些生理性病害，不仅影响黄瓜植株的生长发育、产量与品质，而且容易造成产品的污染，尤其是农药的残留污染。因此全面推行综合防治技术，减少黄瓜生长期中病虫害的发生与危害，控制化学农药的使用，减少农药的污染，是黄瓜无公害安全生产的关键技术之一。

（1）防治原则。坚持"预防为主、综合防治"的植保方针，和以"农业防治、物理防治、生物防治为主，化学防治为辅"的无害化治理原则，做好病虫害的防治工作，并减少与防止农药的污染。

（2）农业防治技术。重在提高黄瓜本身的抗病虫能力和抗逆性，营建优良的生长发育环境，减少病虫草害的发生。选用高抗多抗的黄瓜抗病新品种；培育适龄壮苗，提高本身的抗逆性；推广深沟高畦栽培，加强栽培管理，设施栽培中做好温、光、水、

人字架

气、肥的调节工作，避免病虫浸染危害；实行与非瓜类作物3年以上的轮作和水旱轮作；避免与防止土壤连作障碍，科学施肥，增施充分腐熟的有机肥和三元复合肥，少施化肥，防止土壤盐渍化。

（3）物理防治技术。种子播种前的温汤浸种、药剂浸种；苗床与床土的药剂消毒；定植前大棚的药剂消毒；防虫网与遮阳网的应用、银灰膜驱避蚜虫、黄板诱蚜；高温闷棚，防治黄瓜霜霉病；利用杀虫灯诱杀害虫等。

（4）生物防治技术。利用天敌防治病虫害，使用浏阳霉素、农抗120、印楝素、农用链霉素、新植霉素等生物农药防治病虫害。

（5）化学防治技术。选用高效、低毒、低残留农药及生物源农药，注意轮换用药，合理混用，严格控制农药安全间隔期。设施栽培中优先采用粉尘法和烟熏法进行消毒与防治。生产上不允许使用甲胺磷、甲基对硫磷（甲基1605）、对硫磷、久效磷、磷胺、甲拌磷、甲基异硫磷、特丁硫磷、甲基硫环磷、治螟磷、内吸磷、克百威、涕灭威、灭线磷、硫环磷、蝇毒磷、地虫硫磷、氯唑磷、苯线磷等剧毒、高毒农药。

苗期猝倒病：可用药事先配成药土，每亩苗床用50%多菌灵可湿性粉剂，或50%甲基托布津可湿性粉剂8～10克拌半干细土10～15千克，幼苗出土后，撒在育苗床上用以护苗。发病初期，可用25%瑞毒霉可湿性粉剂800～900倍液，或75%百菌清可湿性粉剂600倍液，或40%五氯硝基苯粉剂悬浮液500倍液等喷雾，每亩喷2～3升，或15%噁霉灵（土菌消）水剂450倍，每亩喷3升。每隔7～10天喷一次，共一两次。

霜霉病：可用40%乙磷铝可湿性粉剂250倍液，或25%甲霜灵可湿性粉剂1000倍液，或64%杀毒矾可湿性粉剂500倍液，或75%百菌清可湿性粉剂600倍液，或58%甲霜灵猛锌可湿性粉剂400倍液，或65%代森锌可湿性粉剂500～700倍液等喷雾，每隔10天喷药一次，共两三次，注意重点向植株中下部喷药，亦可用45%百菌清烟雾剂，每亩用量300～450克。

枯萎病：发病前及发病期中进行药剂防治，用50%多菌灵可湿性粉剂500倍液，或50%甲基托布津可湿性粉剂400倍液，或40%双效灵水剂800倍液，或60%百菌通可湿性粉剂350倍液，或5%菌毒清水剂300倍液等灌根，每株用量0.25～0.3千克，每隔10天灌根一次，共两三次。

炭疽病：可用50%托布津可湿性粉剂500倍液，或70%甲基托布津可湿性粉剂800倍液，或50%多菌灵可湿性粉剂500倍液，或50%苯菌灵可湿性粉剂1000倍液，或75%百菌清可湿性粉剂600倍液，或65%代森锌可湿性粉剂500倍液，或2%农抗120水剂200倍液，或2%武夷菌素水剂200倍液，或40%多硫悬浮剂600倍液等喷雾，每隔7～10天喷药一次，共两三次。

白粉病：可用15%粉锈宁可湿性粉剂，或20%粉锈宁乳油2000～3000倍液，或50%托布津可湿性粉剂，或50%多菌灵可湿性粉剂500～800倍液，或2%武夷菌素（B0～10）水剂200倍液，或2%农抗120水剂200倍液等喷雾。棚室栽培可用粉锈宁烟剂熏烟，每亩用量约350克。亦可喷施10%多百粉尘剂，每亩用量约1千克。

灰霉病：可用50%速克灵可湿性粉剂1500～2000倍液，或50%扑海因可湿性粉剂1000～1500倍液，或50%托布津可湿性粉剂

500～600倍液，或50%苯菌灵可湿性粉剂800倍液，或75%百菌清可湿性粉剂600倍液，或50%多菌灵可湿性粉剂500～800倍液等喷雾。每隔7～10天一次，共喷两三次，每亩用量50～60千克，注意轮换用药，以防病菌产生抗药性。棚室栽培，亦可用速克灵烟剂，熏烟每亩用量约400克。

菌核病：可用40%纹枯利可湿性粉剂800～1200倍液，或50%速克灵可湿性粉剂1500～2000倍液，或50%多菌灵可湿性粉剂500倍液，或50%托布津可湿性粉剂500倍，或70%甲基托布津可湿性粉剂1000倍液，或50%扑海因可湿性粉剂1000～1500倍液，或40%菌核净可湿性粉剂1000倍液等喷雾，每隔7～10天喷药一次，共两三次，重点向植株中下部喷射。或50%速克灵可湿性粉剂50～100倍液涂抹茎蔓发病处。棚室栽可用速克灵烟剂熏烟防治，每亩用量约350克或喷洒5%百菌粉尘，每亩用量约1千克。

疫病：可用1%波尔多液2000倍液，或50%速克灵可湿性粉剂2000倍液，或65%代森锌可湿性粉剂500～600倍液，或50%扑海因可湿性粉剂1500倍液，或50%多菌灵可湿性粉剂800倍液，或50%托布津可湿性粉剂400～500倍液，或40%乙磷铝可湿性粉剂500倍液，或64%杀毒矾可湿性粉剂500倍液及25%瑞毒霉可湿性粉剂1000倍液，或75%百菌清可湿性粉剂500倍液，或58%甲霜灵锰锌可湿性粉剂500倍液等喷雾，每隔7～10天喷药一次，共三四次。

病毒病：针对病毒的寄主范围广的特点，应注意茬口的安排，实行与非寄主作物2年以上轮作，清洁田园，清除田间杂草；由于黄瓜花叶病毒由昆虫传染，应做好防治害虫尤其是防治蚜虫，采用银灰地膜覆盖，

棚室内挂铵铝聚酯反光膜，或银灰条带。亦可用黄板诱蚜。此外发病初期喷洒15%植病灵1000倍液，或20%病毒A可湿性粉剂500倍液，亦有一定预防效果。

蔓枯病：75%百菌清可湿性粉剂600倍液，或50%托布津可湿性粉剂500倍液，或50%多菌灵可湿性粉剂500倍液，或70%甲基托布津可湿性粉剂800～1000倍液，或80%代森锌可湿性粉剂500～800倍液，或70%代森锰锌可湿性粉剂500倍液等喷雾。设施栽培中还可选用百菌清烟剂熏烟，每亩用量约400克。

细菌性角斑病：农用链霉素0.15～0.2毫升/升，或新植霉素150～200毫克/千克，或50%甲霜铜可湿性粉剂600倍液，或77%可杀得可湿性微粒粉剂400倍液，或14%络氨铜水剂300倍液，或60%百菌通可湿性粉剂500倍液，或50%琥胶肥酸铜可湿性粉剂500倍液，或1∶1∶（200～240）波尔多液等喷雾。

根结线虫病：可在播种或定植前15天，每亩用33%威百亩水剂开沟浇施，后覆土采实。每亩用量3～4千克，兑水约75千克；定植时穴施10%力满库颗粒剂每亩用量约5千克；田间发病防治发病部位可喷辛硫磷乳油1500倍液，或80%敌敌畏乳油1000倍液，或晶体敌百虫800倍液灌根1次，每株用量0.25～0.5千克。

蚜虫：灭杀毙（21%增效氰马乳油）6000倍液，或40%氰戊菊酯6000倍液，或20%灭扫利乳油2000倍液，或50%辟蚜雾（抗蚜威）可湿性粉剂2000～3000倍液，或20%速灭杀丁乳油2000～3000倍液，或40%菊杀乳油·40%菊马乳油2000～3000倍液，或50%马拉硫磷乳油1000倍液，或2.5%功夫菊酯乳油3000倍液，或40%乐果乳油1000倍液，或50%

灭蚜松乳油1000～1500倍液等喷雾。喷药时应注意对准叶背，将药液尽可能喷射到蚜虫身上。在设施栽培中可选用杀蚜烟剂，每棚（6米×30米）100～150克，分成两三堆，用暗火点燃，冒烟后密闭数小时，杀蚜效果在90%以上，亦可用22%敌敌畏烟剂于傍晚闭棚熏烟防治，每亩大棚用量400～500克；还可用80%敌敌畏乳油300～400克，混同锯木屑，分成50～60克小包，均匀置于棚内，点燃熏烟。还可在棚架上悬挂银灰地膜条，墙上挂银灰反光膜，地面银灰地膜覆盖，均有拒避蚜虫的效果。利用黄板诱蚜在棚内均匀悬挂黄板并涂上机油等，效果很好。

茶黄螨与红叶螨：可选用2.5%天王星乳油3000倍液，或20%螨克乳油2000倍液，或20%灭扫利乳油2000倍液，或18%农克螨乳油2000倍液，或35%杀螨特乳油1500倍液，或78%克螨特乳泊2000倍液，或16%齐墩螨素乳油2000倍液，或25%奎硫磷乳油800～1000倍液等喷雾喷施。

食叶虫害：用2.5%敌杀死乳油2000～3000倍液，或21%灭杀毙乳油3000倍液，或2.5%功夫乳油3000倍液等喷雾防治。防治食叶虫害目前最主要问题是不经选择地乱用药，比如用辛硫磷、速灭杀丁等均有可能造成药害，严重时药害致瓜苗全部枯死，务必予以重视。由于菜蛾等食叶虫目前都有较强的抗药性，因此选用齐螨素的混配剂防效尤好。

美洲斑潜蝇：可选用40%绿菜宝乳油1000～1500倍液，或2.5%功夫菊酯乳油3000倍液，或40.7%乐斯本乳油1000倍液，或24%万灵水剂2500倍液，或10%氯氰菊酯乳油2000～3000倍液，或80%敌敌畏乳油2000倍液，或80%晶体敌百虫1000倍液，或20%康福多浓可溶剂2000倍液，或18%爱福丁乳油2000倍液，或50%蝇蛆净可湿性粉剂500～2000倍液，或10%吡虫啉可湿性粉剂1000倍液等喷雾。使用22%敌敌畏烟剂熏烟可杀灭成虫，每亩用量约400克。还可选用苏云金杆菌生物农药进行防治。

黄守瓜：可选用90%敌百虫乳油2000倍液，或50%敌敌畏可湿性粉剂1000倍液，或40%杀灭菊酯乳油8000倍液等喷雾。

7. 采收

黄瓜一般是雌花开花后8～18天采收，采收期约在35～60天，且以春季栽培时间较长。我国从北向南不同地区春季露地栽培黄瓜采收始期分别在3月、4月中旬、5月中旬、6月；收获期分别在40～70天。要适时采收，当其果实既具有该品种的果形、果实的颜色及风味，又有优良的食用品质与风味，适合消费者的需要时采收。不及时采收，都会影响产量与品质。及时采收根瓜尤为重要，可以促使其他节位雌花及时开花结瓜、成熟，具有明显的增产效用。

第一次采收后，每隔2～3天采收一次，黄瓜的采收标准是，该品种固有的形状、大小和颜色、刺瘤着生特点，大小适中，粗细匀称，花冠尚存带刺。露地春黄瓜一般亩产2000～3000千克。

产品采收后要及时进行整理与分级，优质产品在感官上的要求，应具有该品种的果实形状、标准颜色与特征，发育好，形状好，长短、大小、粗细基本一致。条直无弯曲，无畸形，无机械损伤，腐烂，异味以及冻害与病虫害等，并经卫生检测达到相关规定标准。

五、苦瓜

（一）苦瓜概况

1. 品种

　　苦瓜又名金荔枝、癞瓜，因其果实含有特殊的苦味，故名苦瓜，原产印度。苦瓜按皮色可分为白皮苦瓜、绿皮苦瓜、墨绿皮苦瓜；按形状可分为短圆形苦瓜、长圆形苦瓜和条形苦瓜等。

绿皮苦瓜

白皮苦瓜

墨绿皮苦瓜

2. 植物学特征

（1）根。苦瓜根系比较发达，侧根多，主要分布在30～50厘米的耕作层内，根群分布宽达130厘米以上，深30厘米以上。根系喜欢潮湿，又怕雨涝。

（2）茎。茎为蔓生，五棱柱形，浓绿色，被茸毛。主蔓各节腋芽活动力强，能发生侧蔓，侧蔓各节腋芽又能发生副侧蔓，形成比较繁茂的蔓叶系统。苦瓜是瓜类中侧蔓较多、较细的一种。各节除腋芽外还有花芽和卷须，卷须单生。

（3）叶。苦瓜为子叶出土，一般不进行光合作用。初生叶一对，对生，盾形，绿色。以后的真叶为互生，掌状深裂，绿色，叶背淡绿色，叶脉辐射状，有5条辐射叶脉，叶长16～18厘米，宽18～24厘米，叶柄长9～10厘米，黄绿色，柄有沟。

（4）花。花为单性同株。植株一般先发生雄花，后发生雌花，单生。雄花花萼钟形，萼片5片，绿色，花瓣5片，黄色；具长花柄，长10～14厘米，横径0.1～0.2厘米，绿色。雄蕊3枚，分离，有5个花药，各弯曲近S形，互相联合。早晨开花，以6～8时为多。雌花有5瓣，黄色，子房下位，花柄长8～14厘米，横径0.2～0.3厘米，花柄上也有1苞叶，雌蕊柱头5～6裂。

（5）果实。苦瓜果实为浆果，表面有许多不规则的瘤状突起，果实的形状有纺锤形、短圆锤形、长圆锤形等。表皮有青绿色、绿白色与白色等。苦瓜成熟顶部极易开裂，露出鲜红色瓜瓤，瓤肉内包裹着种子。

（6）种子。苦瓜的种子较大，扁平，呈龟甲形，淡黄色，种皮较厚，表面有花纹，每个瓜含有种子20～30粒，千粒重150～180克。每亩用种量200～300克。

3. 环境条件

（1）温度。苦瓜喜温，较耐热，不耐寒。种子发芽最适温度为30～35℃，温度在20℃以下时，发芽缓慢，13℃以下发芽困难。在25℃左右，幼苗约15天便长出四五片真叶，如在15℃左右则需要20～30天。在10～15℃时苦瓜植株生长缓慢，低于10℃则生长不良，当温度在5℃以下时，植株显著受害。但温度稍低和短日照的条件下，发生第一雌花的节位提早。开花结果期适于20℃以上，以25℃左右为宜。温度在15～30℃时，温度越高，越有利于苦瓜的生育——结果早，产量高，品质也好。而30℃以上和15℃以下对苦瓜的生长结果都不利。

（2）日照。苦瓜属于短日照植物，喜阳光而不耐阴。但经过长期的栽培和选择对光照长短的要求已不太严格；可是若苗期日照不足，会降低对低温的抵抗能力。海南北部冬春苦瓜遇低温阴雨天气影响，幼苗生长纤弱，抗逆性差，常易受冻害就是这个道理。开花结果期需要较强日照，日照充足，有利于光合作用，提高坐果率；否则，易引进落花、落果。

（3）水分。苦瓜喜湿而不耐涝。天气干旱，水分不足，植株生长受阻，果实品质下降。但也不宜积水，积水容易沤根，叶片黄萎，轻则影响结果，重则植株发病致死。

（4）土壤养分。苦瓜对土壤的适应性较广，从砂壤土到轻黏质的土壤均可。一般以在肥沃疏松、保水保肥力强的土壤上生长良好，产量高。苦瓜对肥料的要求较高，如果有机肥充足，植株生长粗壮，茎叶繁茂，开花结果就多，瓜也肥大，品质好。特别是生长后期，若肥水不足，则植株衰弱，花果就少，果实也小，苦味增浓，品质下降。苦瓜需要较多的氮肥，但也不能偏施氮肥；否则，抗逆性降低，从而使植株易受病菌浸染和寒冷为害。在肥沃疏松的土壤中，增施磷钾肥，能使植株生长健壮，结瓜可以持久。

（二）露地苦瓜标准化栽培关键技术

1. 品种选择

应选择抗病虫性和适应性强的品种，不使用转基因品种。推荐品种如翠秀、碧秀、大顶苦瓜等。

2. 播种育苗

（1）播种期。露地栽培的播种期宜为2月下旬-3月上旬。

（2）育苗方法。春播宜采取保护地营养钵、穴盘、营养块等育苗，也可直接从育苗场购苗。根据地块是新地或重茬地，分别选择自根苗和嫁接苗。

（3）苗床准备及营养土配制。应选用有机质丰富、结构疏松、透气性好、保水保肥能力强、无病虫、无污染物、3年内没有种过瓜类作物的土壤配制营养土，或用草炭土、珍珠岩配制育苗基质。营养土的配制比例为干细土90%、腐熟有机肥10%；育苗基质的配制比例为草炭土80%、珍珠岩20%，配制时每亩营养土加入约0.5千克含硫三元复合肥（N：P_2O_5：K_2O=15：15：15，下同），并加入约0.1千克 25%的多菌灵可湿性粉剂用于消毒，肥料和杀菌剂宜化水喷洒到营养土或育苗基质中并混合均匀。将营养土装入口径和高均约8厘米的塑料营养钵，或将育苗基质装入50孔育苗穴盘。

（4）浸种催芽。选择晴天晒种1~2天，用约55℃温水浸种并搅拌约15分钟，待水温自然降至室温后浸种8~10小时，捞起后用清水清洗2~3次，甩干表面水分后在28~30℃ 条件下催芽36~48小时，芽长1~3毫米时播种。

（5）播种。播种前1天将营养钵或穴盘浇透水。播种时，营养钵每钵或穴盘每穴播1粒发芽的种子，种子要平放或芽尖向下。播后覆盖1~2厘米厚疏松湿润的营养土或基质，然后覆盖地膜保温保湿。

（6）苗床管理。出苗前温度宜为28~30℃。当40%~50%的种子出苗后及时揭去地膜。出苗后昼温宜为25℃左右，夜温宜为20℃左右。在定植前7~10天进行炼苗，夜温降至15~18℃。苗期适当控制水分，苗床表面发白时可适量浇水，浇水宜在上午进行。

3. 整地施肥

（1）整地开厢。前茬作物收获后翻耕炕土，定植前30天一耕两耙，整成厢面宽约1.2米、沟宽0.3~0.4米的厢。

（2）施肥。定植前10天施入基肥。每亩施优质腐熟有机肥2000~3000千克，或腐熟大豆饼肥约160千克以及磷矿粉约60千克和硫酸钾约10千克。将厢面整细、耙平，采用滴灌栽培的铺好滴灌带，并覆盖地膜。

4. 定植

（1）时期。苗龄二叶一心至三叶一心时，选晴好天气定植。

（2）方法。行距宜80~100厘米，株距宜35～45厘米；浇足定根水，封好定植孔。

5. 大田管理

（1）温度管理。缓苗期昼温宜为28～30℃，夜温宜为18～25℃；伸蔓期昼温宜为25～30℃，超过35℃时应适当通风降温，夜温宜为15～20℃；开花结果期昼温宜为30～32℃，夜温15～20℃。

（2）水分管理。生长前期一般不需浇水，伸蔓期后根据土壤墒情灌溉。有条件地区宜采用滴灌，可结合追肥进行。

（3）肥料管理。提苗肥根据瓜苗长

人字架栽培

平架栽培

势，每亩可追施5～10千克含硫三元复合肥；以后按照平衡施肥要求施肥，每15～20天每亩可追施5～6千克含硫三元复合肥，视生长情况可适当缩短追肥间隔时间；结果盛期每亩可追施约10千克含硫三元复合肥，适当追施叶面肥，防止植株早衰。

（4）搭架。当瓜蔓长至约30厘米时，应及时搭架，可采用人字架或搭平棚栽培。

（5）整枝理蔓。应及早进行整枝，主蔓1米以下的侧枝全部摘除，保留两三条健壮的侧蔓与主蔓一起上架。及时摘除病叶和老叶。

6. 病虫害防治

（1）主要病虫害。主要病害有猝倒病、疫病、霜霉病、白粉病、枯萎病、病毒病等。

主要虫害有蚜虫、小菜蛾、菜青虫、跳甲、斑潜蝇、斜纹夜蛾等。

（2）防治原则。按照"预防为主，综合防治"的植保方针，坚持以"农业防治、物理防治、生物防治为主，化学防治为辅"的无害化治理原则，不同类型农药应交替使用，遵守农药使用安全期规定，不得使用禁用和限用农药。

（3）农业防治。选用抗病品种，培育适龄壮苗，实施轮作制度，采用深沟高畦，地膜覆盖栽培，合理密植，清洁田园。

（4）物理防治。播种前宜选用温汤浸种，夏季高温闷棚，避雨及遮阳覆盖，防虫网阻隔，银灰色地膜驱避蚜虫，黄板和杀虫灯诱杀。

（5）生物防治。保护或释放天敌，如蚜虫可用瓢虫、蚜茧蜂、蜘蛛、草蛉、蚜霉菌、食蚜蝇等天敌防治，棉铃虫、烟青虫等可用赤眼蜂等天敌防治。提倡使用植物源农药如苦参碱、印楝素等和生物源农药如农用链霉素、新植霉素等生物农药防治病虫害。

（6）农药防治。不同农药应交替使用，任何一种化学农药在一个栽培季节内宜使用1次。

猝倒病：72.2%霜霉威水剂700倍液，或64%杀毒矾可湿性粉剂500倍液等喷雾。

疫病：58%雷多米尔可湿性粉剂500～800倍液，或72%杜邦克露800倍～1000倍液，或58%瑞毒锰锌可湿性粉剂500倍～800倍液等喷雾。

白粉病：15%三唑酮可湿性粉剂1500倍液，或77%可杀得可湿性粉剂500～700倍液，或75%百菌清可湿性粉剂500～700倍液等喷雾。

霜霉病：10%苯醚甲环唑水分散颗粒剂（世高）3000～6000倍液，或50%甲基托布津可湿性粉剂600倍液，或65%代森锌可湿性粉剂400～500倍液等喷雾。

枯萎病：20%强效抗枯灵可湿性粉剂600倍液，或96%噁霉灵可湿性粉剂3000倍液灌根两三次，每株用量约200毫升。

病毒病：5%菌毒清可湿性粉剂250倍液，或20%病毒A可湿性粉剂500倍液等喷雾两三次。

蚜虫：10%吡虫啉可湿性粉剂1500倍液，或20%好年冬乳油2000倍液，或27%皂素烟碱乳油300～400倍液等喷雾。

瓜绢螟：5%抑太保乳油1500～2000倍液，或5%卡死克乳油1500～2000倍液，或1.8%阿维菌素乳油1500～2000倍液等喷雾。

黄守瓜：8%丁硫啶虫脒乳油1000倍液，或5%鱼藤精乳油500倍液等喷雾。

斑潜蝇：5%卡死克乳油，或5%抑太保乳油2000倍液，或1.8%爱福丁乳油3000～4000倍液喷雾。

7. 采收

及时摘除畸形瓜，及早采收根瓜，以后按商品瓜标准采收上市。

（三）间套种模式

六、冬瓜

（一）冬瓜概况

1. 品种

冬瓜原产中国南部、东南亚及印度等地。现在南北各地均有栽培，而以南方各地栽培较多。按果实大小可分为小型和大型两类。根据果实颜色可分为黑皮冬瓜、青皮冬瓜等。

2. 植物学特征

（1）茎。茎被黄褐色硬毛及长柔毛，有棱沟。

（2）叶。叶柄粗壮，长5～20厘米，被黄褐色的硬毛和长柔毛；叶片肾状近圆形，宽15～30厘米，5～7浅裂或有时中裂，裂片宽三角形或卵形，先端急尖，边缘有小齿，基部深心形，弯缺张开，近圆形，深、宽均为2.5～3.5厘米，表面深绿色，稍粗糙，有疏柔毛，老后渐脱落，变近无毛；背面粗糙，灰白色，有粗硬毛，叶脉在叶背面稍隆起，密被毛。

（3）花。雌雄同株；花单生。雄花梗长5～15厘米，密被黄褐色短刚毛和长柔毛，常在花梗的基部有1苞片，苞片卵形或宽长圆形，长6～10毫米，先端急尖，有短柔毛；花萼筒宽钟形，宽12～15毫米，密生刚毛状

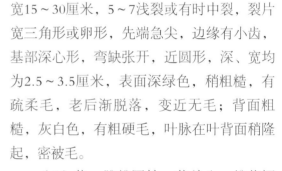

冬瓜叶

小型冬瓜

长柔毛，裂片披针形，长8～12毫米，有锯齿，反折；花冠黄色，辐射状，裂片宽倒卵形，长3～6厘米，宽2.5～3.5厘米，两面有稀疏的柔毛，先端钝圆，有5脉；雄蕊3枚，离生，花丝长2～3毫米，基部膨大，被毛，花药长约5毫米，宽7～10毫米，药室3回折曲，雌花梗长不到5厘米，密生黄褐色硬毛和长柔毛；子房卵形或圆筒形，密生黄褐色茸毛状硬毛，长2～4厘米；花柱长2～3毫米，柱头3个，长12～15毫米，2裂。

大型冬瓜

3. 环境条件

（1）温度。冬瓜喜温、耐热。生长发育适温为25～30℃，种子发芽适温为28～30℃，根系生长的最低温度为12～16℃，均比其他瓜类蔬菜要求高。授粉坐果适宜气温为25℃左右，20℃以下的气温不利于果实发育。

（2）日照。冬瓜为短日照作物，短日照、低温有利于花芽分化，但整个生长期中还要求长日照。结果期如遇长期阴雨低温，则会发生落花、化瓜和烂瓜。

（3）水分。冬瓜叶面积大，蒸腾作用强，需要较多水分，但空气湿度过大或过小都不利于授粉、坐果和果实发育。

（4）营养。冬瓜生长期长，植株营养生长及果实生长发育要求有足够多的土壤养分，必须施入较多的肥料。施肥以氮肥为主，适当配合磷、钾肥，增强植株抗逆能力，并增加单果种子生产量。

（5）土壤。冬瓜对土壤要求不严格，砂壤土或壤土均可栽培，但需避免连作。

（二）露地冬瓜标准化栽培关键技术

1. 品种选择

应选用适应性广、抗病性强、丰产性好的品种，如广东特选黑皮冬瓜、湖南粉皮冬瓜、墨宝、黑先锋等。

2. 播种育苗

（1）播种期。春播宜为2月下旬至3月旬，秋播宜为6月下旬至7月上旬

（2）苗床营养土配制。春播宜采取覆盖棚膜等措施进行保护地育苗，秋播宜采取遮阳网等遮阴措施进行阴棚育苗。应选用有机质丰富、结构疏松、透气性好、保水保肥力强、无病虫及污染物、无杂草种子、3年内未种过瓜类作物的土壤作为苗床营养土。营养土的配制比例为干细土90%、腐熟有机肥10%；育苗基质的配制比例为草炭土80%、珍珠岩20%，配制时每亩营养土加入约0.5千克含硫三元复合肥（N：P_2O_5：K_2O=15：15：15，下同），并加入约0.1千克25%的多菌灵可湿性粉剂用于消毒，肥料和杀菌剂宜化水喷洒到营养土或育苗基质中并混合均匀。将营养土装入口径和高均约8厘米的塑料营养

钵，或将育苗基质装入50孔育苗穴盘。

（3）浸种催芽。选择晴天晒种1～2天，用约55℃温水浸种并搅拌约15分钟，待水温自然降至室温后浸种3～4小时，捞起后用清水清洗两三次，甩干表面水分后在28～30℃条件下催芽36～48小时，芽长1～3毫米时播种。

（4）播种。播种前1天将营养钵或穴盘浇透水。播种时，营养钵每钵或穴盘每穴播1粒发芽的种子，种子要平放或芽尖向下。播后覆盖1～2厘米厚疏松湿润的营养土或基质，然后覆盖地膜保温保湿。

（5）苗床管理。出苗前温度宜为28～35℃。当40%～50%的种子出苗后及时揭去地膜。出苗后昼温宜为25℃左右，夜温宜为20℃左右。在定植前7～10天进行炼苗，夜温降至15～18℃。苗期适当控制水分，苗床表面发白时可适量浇水，浇水宜在上午进行。

爬地栽培

平架栽培

面发白时可适量浇水，浇水宜在上午进行。

3. 整地施肥

定植前10～15天整地施肥。测土配方施肥，无测土配方施肥条件的地方宜每亩撒施有机肥约3000千克，硫酸钾约25千克，过磷酸钙50千克作为底肥，耕深20～30厘米，整细、耙平，爬地栽培畦宽约3.5米（包沟），立架栽培畦宽约1.5米，沟宽约50厘米，沟深约25厘米。有机肥采用撒施的方式，化学肥料于整厢后开沟条施。

4. 定植

4月中下旬当气温稳定在15℃以上时，选晴天下午或阴天将瓜苗定植，爬地栽培，株距80～100厘米，搭架栽培的株距70～80厘米，定植后立即浇定根水。

5. 田间管理

（1）肥水管理。待苗长出5～6片真叶时，亩施三元复合肥约10千克，尿素5千克。当瓜长至3～4千克时加大肥水，亩施复合肥约15千克，尿素约10千克，硫酸钾约8千克，每隔10～15天施一次，连施三次。冬瓜生长需水量大，应及时灌水，于上午进行，灌至畦高约1/2处待全畦湿润后排水；雨期注意排除积水。采收前10天停止追肥和浇水。

（2）植株调整。爬地冬瓜在坐果前摘除全部侧蔓，主蔓结果后13～15节打顶。当蔓长50～70厘米时压蔓一次，共压蔓两三次。采用搭架栽培的将坐果前后的侧枝全部摘除，主蔓结果后留13～15片真叶打顶。

（3）授粉和选瓜。上午7～9时选刚开放的雄花，去花瓣后将花药往雌花柱头上轻涂一下即可。在15～25节间上选留两三个上下部大小一致，全身披满茸毛且有光泽的幼瓜。坐果后待其直径约10厘米时摘除预备瓜，一蔓留一瓜。

（4）吊瓜。采用搭架栽培的等果实长到3~4千克时吊瓜，可用麻绳套住瓜柄，系于架杆上。

6. 病虫害防治

（1）主要病虫害。主要病害有猝倒病、立枯病、疫病、白粉病、枯萎病、细菌性角斑病、病毒病等。

主要虫害有蚜虫、小菜蛾、菜青虫、跳甲、斑潜蝇、斜纹夜蛾等。

（2）防治原则。按照"预防为主，综合防治"的植保方针，坚持以"农业防治、物理防治、生物防治为主，化学防治为辅"的无害化治理原则，不同类型农药应交替使用，遵守农药使用安全期规定，不得使用禁用和限用农药。

（3）农业防治。选用抗病品种，培育适龄壮苗，实施轮作制度，采用深沟高畦，地膜覆盖栽培，合理密植，清洁田园。

（4）物理防治。播种前宜选用温汤浸种，避雨及遮阳覆盖，防虫网阻隔，银灰色地膜驱避蚜虫，黄板和杀虫灯诱杀。

（5）生物防治。保护或释放天敌，如蚜虫可用瓢虫、蚜茧蜂、蜘蛛、草蛉、蚜霉菌、食蚜蝇等天敌防治，棉铃虫、烟青虫等可用赤眼蜂等天敌防治。提倡使用植物源农药如苦参碱、印楝素等和生物源农药如农用链霉素、新植霉素等生物农药防治病虫害。

（6）农药防治。

猝倒病：72.2%霜霉威水剂700倍液，或64%杀毒矾可湿性粉剂500倍液喷雾。

疫病：58%雷多米尔可湿性粉剂500~800倍液，或72%杜邦克露800~1000倍液，或58%瑞毒锰锌可湿性粉剂500~800倍液等喷雾。

白粉病：15%三唑酮可湿性粉剂1500倍液，或77%可杀得可湿性粉剂500~700倍液，或75%白菌清可湿性粉剂500~700倍液等喷雾。

霜霉病：10%苯醚甲环唑水分散颗粒剂（世高）3000~6000倍液，或50%甲基托布津可湿性粉剂600倍液，或65%代森锌可湿性粉剂400~500倍液等喷雾。

枯萎病：20%强效抗枯灵可湿性粉剂600倍液，或96%噁霉灵可湿性粉剂3000倍液灌根两三次，每株用量约200毫升。

细菌性角斑病：农用链霉素0.15~0.2毫升/升，新植霉素150~200毫克/千克，50%甲霜铜可湿性粉剂600倍液，77%可杀得可湿性微粒粉剂400倍液，14%络氨铜水剂300倍液，60%百菌通可湿性粉剂500倍液，50%琥胶肥酸铜可湿性粉剂500倍液，或1∶1∶200~240波尔多液。

病毒病：5%菌毒清可湿性粉剂250倍液，或20%病毒A可湿性粉剂500倍液等喷雾，喷两三次。

蚜虫：10%吡虫啉可湿性粉剂1500倍液，或20%好年冬乳油2000倍液，或27%皂素烟碱乳油300~400倍液等喷雾。

黄守瓜：8%丁硫啶虫脒乳油1000倍液，或5%鱼藤精乳油500倍液等喷雾。

斑潜蝇：5%卡死克乳油或5%抑太保乳油2000倍液，或1.8%爱福丁乳油3000~4000倍液等喷雾。

6. 采收

果面茸毛消失，果实外观呈现本品种成熟固有的特征时即可采收，且选晴天进行。

露地瓜类蔬菜标准化栽培关键技术
ludigualei shucai biaozhunhua
zaipei guanjian jishu

七、丝瓜

（一）丝瓜概况

1. 品种

丝瓜原产印度，为一年生草本植物。供蔬菜用的丝瓜可分两种类型，即普通丝瓜和有棱丝瓜。有棱丝瓜在华南栽培较多，其他各地区多栽培普通丝瓜。

2. 植物学特征

（1）茎。茎蔓为五棱形、绿色、主蔓和侧蔓生长都繁茂，茎节具分枝卷须，易生不定根。

（2）叶。单叶互生，有长柄，叶呈掌状或心脏形，被茸毛，长8～30厘米，宽稍大于长，边缘有波纹状浅齿，两面均光滑无毛。叶柄粗糙，长10～12厘米，具有不明显的沟，近无毛。

（3）花。雌雄异花同株，花冠黄色。雄花为总状花序，雌花单生，子房下位，第一雌花发生后，多数茎节能发生雌花。

（4）果实。瓠果。普通丝瓜的果实短圆柱形或长棒形，长20～100厘米，横径3～10厘米，无棱，表面粗糙并有数条墨绿色纵沟。有棱丝瓜的果实棒形，长25～60厘米，横径5～7厘米，表皮绿色有皱纹，有7棱，绿色或墨绿色。

普通丝瓜

有棱丝瓜

（5）种子。种子椭圆形，普通丝瓜种皮较薄而平滑，有刺状边缘，黑、白或灰白色；有棱丝瓜种皮厚而有皱纹，黑色。千粒重100～180克。

3. 环境条件

（1）日照。丝瓜为短日照作物，喜较强阳光，而且较耐弱光。在幼苗期，以短日照、大温差处理，利于雌花芽分化，可提早结果和丰产。整个生育期中较短的日照、较高的温度有利于茎叶生长发育，能维持营养，生长健壮，有利于开花坐果、幼瓜发育和产量的提高。

（2）温度。丝瓜属喜温、耐热性作物，丝瓜生长发育的适宜温度为20～30℃，丝瓜种子发芽的适宜温度为28～30℃，30～35℃时发芽迅速。

（3）水分。丝瓜喜湿、怕干旱，土壤湿度较高、含水量在70%以上时生长良好，低于50%时生长缓慢，空气湿度不宜小于60%。75%～85%时，生长速度快、结瓜多，短时间内空气湿度达到饱和时，仍可正常地生长发育。

（4）土壤。丝瓜是适应性较强、对土壤要求不严格的蔬菜作物，在各类土壤中，都能栽培。但是为获取高额产量，应选择土层厚、有机质含量高、透气性良好、保水保肥能力强的壤土、砂壤土为好。

（二）露地丝瓜标准化栽培关键技术

1. 品种选择

可选择抗性强、产量高、对日照不是很敏感的品种，如早杂二号、夏优丝瓜、新夏棠丝瓜、丰抗丝瓜、雅绿一号、秀玉丝瓜等。

2. 播种育苗

（1）播种期。露地栽培的播种期宜为2月下旬至3月上旬。

（2）育苗方法。春播宜采取保护地营养钵、穴盘、营养块等育苗，也可直接从育苗场购苗。根据地块是新地或重茬地，分别选择自根苗和嫁接苗。

（3）苗床准备及营养土配制。应选用有机质丰富、结构疏松、透气性好、保水保肥能力强、无病虫、无污染物、3年内没有种过瓜类作物的土壤配制营养土，或用草炭土、珍珠岩配制育苗基质。营养土的配制比例为干细土90%、腐熟有机肥10%；育苗基质的配制比例为草炭土80%、珍珠岩20%，配制时每一立方米营养土加入约0.5千克含硫三元复合肥（N：P_2O_5：K_2O=15：15：15，下同），并加入约0.1千克25%的多菌灵可湿性粉剂用于消毒，肥料和杀菌剂宜化水喷洒到营养土或育苗基质中并混合均匀。将营养土装入口径和高均为8厘米的塑料营养钵，或将育苗基质装入50孔育苗穴盘。

（4）浸种催芽。选择晴天晒种1～2天，用55℃温水浸种并搅拌15分钟，待水温自然降至室温后浸种8～10小时，捞起后用清水清洗两三次，甩干表面水分后在28～30℃条件下催芽36～48小时，芽长1～3毫米时播种。

（5）播种。播种前1天将营养钵或穴盘浇透水。播种时，营养钵每钵或穴盘每穴播1粒发芽的种子，种子要平放或芽尖向下。

播后覆盖1～2厘米厚疏松湿润的营养土或基质，然后覆盖地膜保温保湿。

（6）苗床管理。出苗前温度宜为28～30℃。当40%～50%的种子出苗后及时揭去地膜。出苗后昼温宜为25℃左右，夜温宜为20℃左右。在定植前7～10天进行炼苗，夜温降至15～18℃。苗期适当控制水分，苗床表面发白时可适量浇水，浇水宜在上午进行。

人字架栽培

平架栽培

3. 整地施肥

（1）整地开厢。前茬作物收获后翻耕炕土，定植前30天一耕两耙，整成厢面宽约1.2米、沟宽0.3～0.4米的厢。

（2）施肥。定植前10天施入基肥。每亩施优质腐熟有机肥2000～3000千克，或腐熟大豆饼肥约160千克以及磷矿粉约60千克和硫酸钾约10千克。将厢面整细、耙平，采用滴灌栽培的铺好滴灌带，并覆盖地膜。

4. 定植

（1）时期。苗龄二叶一心至三叶一心时，选晴好天气定植。

（2）方法。行距80～100厘米，株距35～45厘米；浇足定根水，封好定植孔。

5. 大田管理

（1）温度管理。缓苗期昼温宜为28～30℃，夜温宜为18～25℃；伸蔓期昼温宜为25～30℃，超过35℃时应适当通风降温，夜温宜为15～20℃；开花结果期昼温宜为30～32℃，夜温15～20℃。

（2）水分管理。生长前期一般不需浇水，伸蔓期后根据土壤墒情灌溉。有条件地区宜采用滴灌，可结合追肥进行。

（3）肥料管理。提苗肥根据瓜苗长势，每亩可追施5～10千克含硫三元复合肥；以后按照平衡施肥要求施肥，每隔15～20天每亩可追施5～6千克含硫三元复合肥，视生长情况可适当缩短追肥间隔时间；结瓜盛期每亩可追施约10千克含硫三元复合肥，适当追施叶面肥，防止植株早衰。

（4）搭架。当瓜蔓长至约30厘米时，应及时搭架，可采用人字架或搭平棚栽培。

（5）整枝理蔓。应及早进行整枝，主